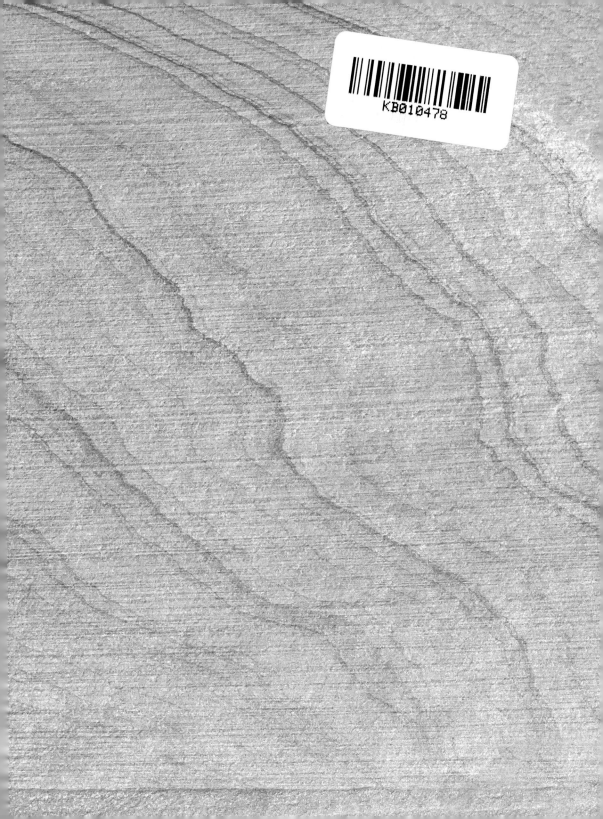

건강과 환경을 살리는
홈 디자인 100

Original Title: Design A Healthy Home:
100 ways to transform your space for physical and mental wellbeing

Copyright © Dorling Kindersley Limited, 2021
A Penguin Random House Company
Text copyright © 2021 Oliver Heath
Korean translation copyright © LITTLEBKSHOP, 2021
Korean translation edition is published by arrangement with Dorling Kindersley Limited.
이 책의 한국어판 저작권은 Dorling Kindersley Limited와 독점 계약한 한뼘책방에 있습니다.
저작권법에 따라 한국 내에서 보호를 받는 저작물이므로 무단 전재와 복제를 금합니다.

For the curious
www.dk.com

건강과 환경을 살리는 홈 디자인 100

초판 1쇄 발행 2021년 12월 20일
지은이 올리버 히스
옮긴이 신준수
한국어판 디자인 신병근
펴낸곳 한뼘책방
등록 제25100-2016-000066호(2016년 8월 19일)
전화 02-6013-0525
팩스 0303-3445-0525
이메일 littlebkshop@gmail.com
인스타그램, 트위터, 페이스북 @littlebkshop
ISBN 979-11-90635-11-0 03540

옮긴이 신준수

출판 번역가·기획자.
옮긴 책으로『실내 식물 도감』『칵테일 도감』
『허브 스파이스 도감』 등이 있다.

건강과 환경을 살리는
홈 디자인 100

자연과 연결하는 바이오필릭 디자인 기법

올리버 히스 지음

한뼘책방

차례

　건강과 환경을 살리는 홈 디자인 100

들어가며

더 행복하고 더 건강한 집 만들기의 출발점에 서신 것을 환영합니다. 아마 여러분도 저처럼 집이 삶에서 가장 중요한 곳임을 깨달은 것이겠지요. 집이란 꾸미고 바꿀 수 있는 곳이고, 우리가 주위 환경을 느끼고 그것과 상호작용하는 방식에 큰 영향을 미치는 곳이라는 점을 말입니다.

우리는 인테리어 디자인을 흔히 정체성을 표현하는 도구로, 스타일·지위·권력·부를 보여주는 수단으로 이용합니다. 하지만 그것들은 다 외면적인 것, 즉 겉보기 고려 사항들입니다. 관점을 완전히 바꾸어서 내면적 접근법을 취하면 어떻게 될까요? 우리에게 가장 중요한 것들을 중심으로, 몸과 마음의 건강을 증진시킬 기회로 디자인을 활용하는 것이지요. 그럴 때 집의 생김새와 느낌과 냄새와 소리는 어떨까요? 집은 더 기분 좋은 곳으로 바뀔까요?

지난 8년 동안 저는 올리버 히스 디자인 회사에서 건축, 인테리어, 지속가능한 디자인, 심리학 분야 전문가들로 구성된 영감 넘치는 팀과 함께 일하면서, 우리가 사는 공간이 정신과 육체와 정서에 얼마나 큰 영향을 주는지 알아냈습니다. 이 시기에 우리는 사람들의 근로 생활을 개선해줄 주거·근로 공간 디자인 전략과 그에 관한 백서를 세계적인 조직들에 제공함으로써 곧바로, 그리고 점점 더 바이오필릭 디자인(biophilic design)의 선도자로 여겨지게 되었습니다.

연구의 출발점이 된 상업 디자인(사무실·상점·교육 공간 디자인) 영역에서는 인간 중심 접근법의 가치를 입증해야 했습니다. 우리는 '웰빙 최우선'이 건물 안에서 일하는 직원들의 집중력, 생산성, 업무 참여도를 높이고 이직과 결근에 따른 비용을 줄임으로써 기업 실적 개선을 돕는다는 사실을 발견했습니다.

기업 사례가 적용되지 않는 가정에서 인간 중심 접근법의 가치를 입증하는 데에는 시간이 더 걸렸고, 따라서 가정 부문에서 변화 움직임은 시작이 더뎠습니다. 하지만 2020년의 팬데믹과 전 세계적 봉쇄를 맞아 많은 사람이 재택근무를 하면서, 사방 벽이 우리에게 얼마나 큰 영향을 미칠 수 있는지를 통감하게 되었습니다. 그래서 우리는 여러 해 동안 배운 멋진 원리들을 한데 모아서 가정에 적용할 수 있는 원리들로 바꾸어내기로 했습니다. 사람들이 집을 더 행복하고 더 건강한 곳으로 만드는 일을 돕기로 한 것이지요.

이 책이 제시하는 더 건강한 집을 만들기 위한 100가지 방법을 잘 연구해서, 집을 여러분이 쉴 수 있고 회복할 수 있는 곳으로, 원기를 되찾고 다른 사람들과 연결하고 여러모로 삶의 질을 높이도록 돕는 곳으로 만들기 바랍니다. 이어지는 각 장에서는 가정에서 웰빙을 향상시키는 일과 관련된 핵심 주제들, 예컨대 공기 질이나 물 같은 실용적 관심사와 더불어 색, 질감, 빛, 자연과 연결하기 같은 좀 더 흥미로운 논점들을 다루고 있습니다. 꼭 알아야 할 점들이 잘 드러나도록 큰 주제를 작은 주제들로 잘게 쪼갰습니다. 어떤 소주제에서 시작해도 좋으니, 관심을 가지고 더 깊이 탐구해보십시오.

내 집이든 아니든, 예산이 많든 적든, 우리의 디자인 해법에서 확실히 도움을 받을 수 있게 하는 데 힘썼습니다. 셋집살이를 하는 분도, 처음 내 집 마련을 하는 분도, 아니면 본인과 가족을 위해 집을 더 낫게 리모델링하려는 분도, 주거 공간을 개선하고 그 안에서 삶의 질을 높일 방법을 찾을 수 있을 겁니다.

바이오필릭 디자인(biophilic design)

몸과 마음의 웰빙을 추구하는 우리 접근법은 바이오필릭 디자인 원리에 바탕을 두고 있다. 이 디자인 정신의 토대는 자연과 살아 있는 모든 것에 자연스럽게 끌리는 인간 본성을 뜻하는 '바이오필리아(biophilia)' 개념이다.

자연에 대한 인간의 보편적 사랑은 인간이 도시 생활자가 되기 훨씬 전까지 그 기원을 거슬러 올라갈 수 있고, 인간이 자연환경 속에서 진화했다는 점을 고려할 때 이해할 수 있다. 인간이 살아남고 번성하는 방법을 배운 것은 결국 자연 속에서다. 주위 환경을 알고 자연이 어떻게 순환하는지 알아야 번성할 수 있었으니까.

우리 선조들은 일출, 일몰, 계절, 동물, 식물, 기후 패턴을 관찰함으로써 살아갈 길을 찾았다. 이러한 환경들을 이해하는 데 초점을 맞추어 모든 감각을 섬세하게 조율했고, 살아남는 데 더 유리한 상황을 알아차리고 안전과 위험을 구분해서 싸울지 도망칠지를 재빨리 결정할 수 있도록 반응 시스템을 가다듬어야 했다.

바이오필리아 가설을 제시한 생물학자 에드워드 윌슨은 인간이 선조들로부터 이 모든 것을 물려받았으며 지금도 자연과 연결하는 데 생리적으로 아주 잘 적응해 있다고 주장했다. 설령 시끄럽고 붐비고 바쁘고 직선으로 가득한 도시 공간에서 살아가더라도 인간은 여전히 자연과 상호작용함으로써 이익을 얻고 있으며, 자신이 정말로 자연의 일부임을 기억할 필요가 있다.

또 다른 과학 이론인 사바나 가설은 안전을 추구하는 인간이 잘 보전된 자연 숲을 바라보는 것을 여전히 좋아한다고 주장한다. 숲을 보면 심장 박동 수와 혈압이 낮아져 긴장이 더 잘 풀리고, 스트레스와 피로에서 더 빨리 회복할 수 있다. 그렇다면 이 아이디어들을 어떻게 번잡한 도시 환경에, 더 구체적으로는 우리 집에 적용할 수 있을까?

이 진화론적 개념을 여러 해에 걸쳐 발전시킨 것이 '바이오필릭 디자인'으로, 인간이 자연과 더 잘 연결하도록 하는 데 목표를 둔 세 가지 디자인 원리를 제공한다.

공간 속 자연: 실물 형태의 자연을, 또 자연계와 연결하는 방법을 우리가 사는 공간 속으로 가져오는 것이다. 이 책에서는 우리가 보고 만지고 냄새 맡고 맛보는 것에서 자연을 떠올릴 수 있도록 감각에 초점을 맞춘다.

자연 은유: 자연의 형태, 모양, 색, 패턴, 질감을 참조하거나 재현한 것들을 가리킨다. 그것들을 기술적으로 복제하는 방법까지 포함한다.

자연적 공간: 자연환경의 공간적 특성을 본떠서 인

우리의 디자인 정신은
자연과 살아 있는 모든 것에 끌리는 인간 본성을 뜻하는
바이오필리아에 바탕을 두고 있다.

간의 반응을 유발하거나 강화하는 것. 안전한 피난처를 만드는 간단한 작업도 있고, 더 넓은 시야가 확보되도록 공간을 설계하는 복잡한 작업도 있다.

디자이너, 환경전략가, 건축가 들이 이 세 가지 핵심 원리를 다양한 바이오필릭 디자인 기법으로 발전시켰는데, 이 책 전체를 통해 그것들을 집에 적용할 수 있는 방식으로 조목조목 짚어볼 것이다. 이 원리들을 따르면 공간을 더 아늑하고 쾌적한 곳으로 만들 수 있다. 바이오필릭 디자인이 방대한 과학적 연구 결과에 바탕을 둔 디자인 방법론이니 당연한 일이다. 더 많은 것을 알고 싶으면 이 책 마지막에 나오는 권장 도서를 보기 바란다.

더 직관적이고 개인적인 수준에서 중요한 일은 자연 안에서 체험한 긍정적 기억들을 떠올리고 그 생각을 집에 가져다가 유익한 조치를 취하는 것이다. 이어지는 100가지 방법은 바이오필릭 디자인을 집에 적용하는 방법을 구체화한 것이다. 그로부터 영감을 얻어 더 나은 변화를 만드는 일에 과감히 뛰어들어보라!

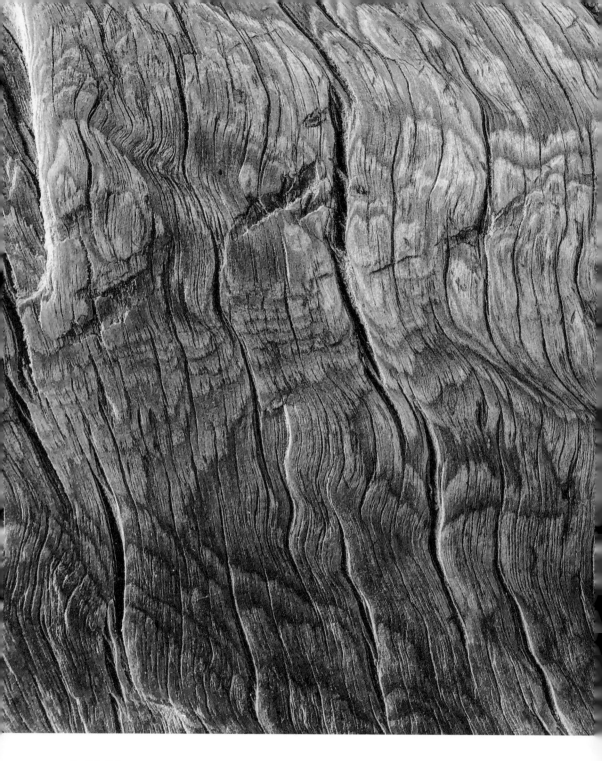

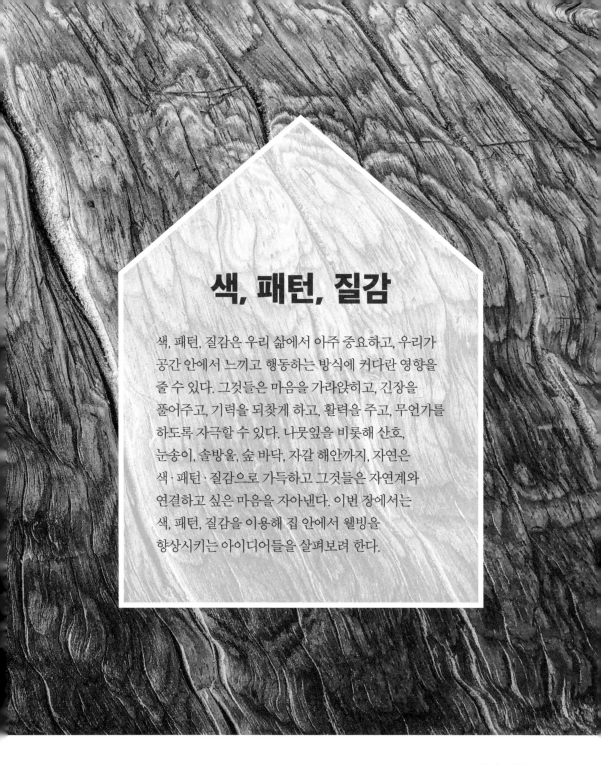

색, 패턴, 질감

색, 패턴, 질감은 우리 삶에서 아주 중요하고, 우리가
공간 안에서 느끼고 행동하는 방식에 커다란 영향을
줄 수 있다. 그것들은 마음을 가라앉히고, 긴장을
풀어주고, 기력을 되찾게 하고, 활력을 주고, 무언가를
하도록 자극할 수 있다. 나뭇잎을 비롯해 산호,
눈송이, 솔방울, 숲 바닥, 자갈 해안까지, 자연은
색·패턴·질감으로 가득하고 그것들은 자연계와
연결하고 싶은 마음을 자아낸다. 이번 장에서는
색, 패턴, 질감을 이용해 집 안에서 웰빙을
향상시키는 아이디어들을 살펴보려 한다.

**감정이 색에
어떻게 반응하는지
생각하라**

차분한 자연 청색은 맑은
하늘과 잔잔한 풀장을
상기시켜 마음을
편안하게 해준다.

1 | 색채 인식

집 안의 색은 단순히 벽에 페인트를 칠하는 것 이상의 의미를 가진다. 우리는 가구, 바닥, 직물이나 공예품에 다양한 색을 부여할 수도 있다. 색은 우리 몸과 마음에 영향을 준다. 왜 그럴까?

색에 관한 이론은 많지만, 심리학자 스티븐 파머와 카렌 슐로스가 제시한 생태적 유의성 이론이 색에 대한 인간의 기호와 반응을 가장 잘 설명한다고 본다. 그에 따르면, 인간이 색에 따라 다른 정서 반응을 보이는 것은 색마다 연결된 기억이 다르기 때문이다. 인간은 긍정적 체험과 연결된 색에 호의적인 반응을 보인다. 한창때의 자연을 상기시키는 색들을 좋아하는 경향이 있는 것은 그 색들이 건강과 안전을 나타내기 때문이다.

방이 아래 색들로 가득하다고 상상해보라.
- **차분한 자연 청색들** 맑은 하늘과 시원하고 잔잔한 풀장을 떠올리게 해서 마음을 편안하게 해준다.
- **밝은 녹색들** 에너지와 고요함을 연상시켜 초원이나 숲 한가운데 있는 듯한 체험을 하게 해준다.
- **노란색들** 따뜻한 여름 햇빛, 잘 익은 곡식, 해바라기를 떠올리게 한다. 따뜻하게 환영하는 느낌을 주고, 활기 넘치는 사교적 분위기를 자아낸다.
- **보라색과 옅은 자주색** 우리를 새벽과 저물녘의 은은한 빛 속으로 데려간다. 신비하고, 영적이고, 명상적인 분위기를 내기도 한다.
- **오렌지색과 빨강** 잘 익은 과일과 딸기를 연상시킨다. 영양 공급에 대한 기대로 기운 나고, 흥분되고, 의욕이 생긴다.

이런 자연 요소들이 우리 생존에서 필수적인 역할을 하게 된 것은 아주 오래된 일은 아니다. 우리는 이 요소들을 선호하도록 진화했고, 집 안 알맞은 곳에 적절하게 활용하면 그때그때 원하는 느낌을 얻는 데 도움이 된다. 색채에 대한 정서 반응 연구에 따르면 연녹색이나 연보라, 연청색 같은 파스텔 색조가 사람들의 마음을 차분하게 해주는 반면, 노랑이나 오렌지색, 핑크색 같은 밝은 색들은 명랑하고 들뜨게 한다.

   집 안에 색을 끌어들이고 싶은데 어떻게 해야 할지 몰라 엄두가 안 난다면, 이어지는 내용들에서 최고의 조언을 얻게 될 터이다.

2 | 배색 계획 세우기

우리는 색을 "자연 은유"라고 부른다. 실물 없이도 자연이나 자연계를 떠올리게 하기 때문이다.

자연 풍경과 비슷한 패턴으로 서로 보완하는 자연색들은 주변에 실제 자연 요소들이 전혀 없어도 자연과 연결된 느낌을 불러일으킨다. 이 연결감이 공간의 전체적 느낌에 크게 영향을 미쳐 조용하고 편안한 분위기나 사교적이고 활기 넘치는 분위기를 낸다.

먼저 그 공간이 어떤 느낌이 들기를 원하는지 결정한 다음, 그것을 중심으로 배색 계획을 짠다. 바라는 분위기를 잘 나타내는, 창조적 아이디어를 자극하는 무드 보드(mood board)를 만들라. 핀터레스트 같은 앱을 활용하면 깔끔하게 정리할 수 있다.

비율이 적절해야 색이 과하지 않고 딱 맞는다는 느낌을 낼 수 있다. 감각들에 너무 의존하지 않고 자연 안에 존재할 법한 색 비율을 그대로 집 안에 가져

다 쓰는 것이 비결이다.

이때 자연환경에서는 어떤 색도 홀로 존재하지 않는다는 사실을 기억하는 것이 도움이 된다. 자연 풍경을 보라. 온갖 색들이 정말로 잘 어우러져 있지 않은가. 숲은 다양한 초록색, 갈색을 품고 있으면서도 조화로운 느낌을 준다. 숲에 핀 꽃들의 톡톡 튀는 듯 밝고 또렷한 색깔도 위화감이 아니라 호감을 주는 쪽으로 우리 눈길을 사로잡는다.

그렇다면 집을 색으로 밝게 꾸민다는 게 곧 사방 벽을 똑같은 색조로 칠한다는 것은 아닐 터이다. 조금만 창의력을 발휘하면 집을 곧바로 생명이 충만한 곳으로 바꿀 수 있다. 우리는 편안하면서도 오감을 자극하는, 자연 안에 깃든 비율·조화·대비의 적

자연 안에 존재할 법한 색 비율을 그대로 집 안에 가져다 쓰라.

절한 균형을 추구할 따름이다. 따지고 보면, 우리가 자연 안에서 느끼는 바가 바로 그것 아닌가?

특정한 방을 위한 배색 계획을 짤 때에는 자연의 레이어들(layers)을 생각하고 그것들을 어떻게 가져오고 싶은지 생각하라. 준비한 무드 보드에서 색들을 끄집어내서 방 안 벽들과 바닥, 가구, 설비, 커튼 위에 놓아보라.

자연 속에서 지낸 시간에서 영감을 얻으라
긍정적 정서 반응을 유발하는 자연 풍경에서 색을 가져오라.

레이어가 있는
색을 활용하라
보색과 함께, 같은 계열 안에
있는 서로 다른 명도, 채도,
톤을 이용해보라.

3 | 조화로운 배색

배색과 레이어들은 조화로워야 한다. 자연 안에서 색은 홀로 존재하지 않는다. 벽에 칠하려고 고른 색들이 가구나 커튼 같은 요소들을 위한 배색의 배경이 된다.

조화로운 배색을 하는 방법은 두 가지다. 하나는 같은 계열 안에 있는 서로 다른 명도, 채도, 톤의 색을 활용하는 것이다. 다른 하나는 색상환의 유사색들을 이용하는 것이다.

페인트칠을 할 때에는 벽은 물론이고 천장, 도리와 보, 문과 문틀, 창턱과 창틀, 선반, 찬장, 벽난로 선반 색까지도 생각해야 한다. 같은 계열 색을 명도와 채도와 톤을 달리해 쓰면 미묘한 레이어들을 만들어낼 수 있다. 먼저 중심 색상을 정한 뒤에 다음과 같은 것들을 추가해보라.

• **다양한 톤의 회색** 강렬한 색의 톤을 낮추고, 명랑한 느낌을 주는 순색이나 밝은 색들에 세련미를 더할 수 있다. 아주 밝은 톤도 있고 아주 어두운 톤도 있지만, 어느 쪽이든 강렬한 느낌을 주지는 않는다.

• **다양한 색상의 흰색** 다른 색을 밝게 해준다. 파스텔들을 생각해보라. 같은 색 안에도 더 옅은 버전이 있다. 흰색을 더하면 더 밝고, 더 경쾌하고, 더 부드러운 느낌을 준다.

• **다양한 명도의 검은색** 약간 어두운 버전부터 거의 검정에 가까운 버전까지, 다른 색을 더 어둡게 해준다. 음영이 풍부한 그늘을 생각해보라. 검은색을 더하면 더 어둡고, 더 분위기 있고, 더 깊이 있는 느낌을 준다.

4 빛과 색의 상호작용

배색 결정을 하기 전에 방이 북향인지 남향인지 알아둘 필요가 있다.

북반구에서 북향 방은 따뜻한 직사광이 들지 않는 것이 보통이므로, 따뜻한 톤을 사용하면 더 환대하는 느낌을 준다. 아침 햇살을 받는 동향 방에 따뜻한 톤을 쓰면 하루 중 나머지 시간에 매력적인 느낌을 확실히 더할 수 있다. 하루 종일 따뜻한 햇볕이 들기 쉬운 남향 방에는 좀 더 차가운 색들을 써도 된다.

모든 색에는 '따뜻함' 또는 '차가움'이라는 바탕 톤이 있다. 좋아하는 색을 무엇이든 골라도 되지만, 공간에 햇빛이 드는 정도를 감안해 더 따뜻하거나 더 차가운 바탕 톤을 선택해야 한다.

색은 하루 중 어떤 시간이냐에 따라서, 또 빛이 자연광인지 인공광인지에 따라서 인상이 달라진다. 어떤 색을 쓸지 결정하기 전에, 종이나 직물로 된 색견본을 칠하려는 장소에 24시간 두고서 관찰해보라.

공간이 좀 더 밝아 보이길 바란다면 빛을 반사하는 유광 페인트를 추천한다. 방 안이 좀 더 환해질 것이다. 창 가까운 곳에 유광 페인트를 쓰면 효과를 극대화할 수 있다.

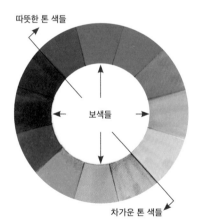

따뜻한 톤 색들

보색들

차가운 톤 색들

아니면, 색상환의 이웃한 색들 중에서 서로 잘 어울리는 색들을 고를 수도 있다. 예컨대, 녹색 계열로 레이어들을 만들었다면, 노랑이나 파랑 계열 색들을 더하는 쪽이 빨강 계열보다 더 조화로울 것이다. 그러면 한 색에서 다른 색으로 눈이 더 편안하게 옮겨 갈 수 있어서 마음이 진정될 터이다. 만일 활기와 대비 효과를 원한다면, 눈에 톡 튀는 보색을 추가해보라.

5 | 악센트 색 쓰기

방이 좁거나 답답하다는 느낌을 주지 않으면서 좀 더 대담한 색을 쓰는 아주 멋진 방법은 자연 속 비율을 활용하는 것이다.

방 안의 벽 전체를 한 가지 색으로 칠하지 말고 한쪽 벽을 특색 있게 만들거나, 반높이 색 띠를 꼭 배치하자. 대각선 구획은 눈과 마음을 자극해 공간에 활기를 불어넣고 역동적인 느낌을 자아낸다.

특정 요소를 부각하는 것도 방 분위기를 너무 한쪽으로 몰아가지 않으면서 색채에 풍부함을 더하는 멋진 방법이다. 예컨대 책장 뒷면을 선명한 톤으로 칠해서 악센트를 주거나, 방문 틀에 눈길을 끄는 색을 칠해서 사람을 초대하는 듯한 분위기를 연출할 수 있다. 좋아하는 거울이나 벽걸이 장식 뒤의 벽이나 그중 일부를 색칠하는 것도 생각해 보라. 과감하게 생물 모양이나 유동적인 형태로 칠하면 개성 만점일 터이다. 이런 식으로 독특한 일상 용품들을 고르면 너무 자극적이지 않으면서도 눈에 확 띄는 색을 쓸 수 있다.

계단 챌판(수직 패널)에 칠을 하면 유머러스한 느낌까지 살짝 더할 수 있다. 이 기법

대담한 악센트 색을 가진 특별한 일상 용품들을 찾아보자.

은 전통 가옥에서 특히 효과적인데, 독특한 목공품에 현대적 색으로 악센트를 주어서 오래된 것과 새로운 것의 조화를 꾀할 수 있다. 대개 계단은 집에 들어서자마자 눈에 띄는 곳이므로 이 기법은 사람을 환영하고 미소 짓게 하기에 안성맞춤이다.

셋집살이를 하고 있어 페인트칠을 할 수 없는 경우에도 가구나 커튼, 공예품 따위를 잘 고르면 자연스러운 색 대비를 구현할 수 있다. 색상환에서 서로 반대편에 있는 보색들을 선택하라. 따뜻한 색과 시원한 색의 조합은 정말로 근사하다. 예컨대 파랑 또는 초록 방 안에 약간의 노랑이나 빨강을 들여 대비를 이루는 방법을 궁리해보라.

소파 위나 복도에 나만의 미술관을 꾸미는 건 어떤가? 셋집에 사는 사람이나, 정기적으로 소품들을 교체해 공간을 유연하게 활용하는 것을 좋아하는 사람에게 딱 맞는 해법이다.

악센트 색을 갖춘 맞춤형 가구나 실내 일상 용품들에 투자하는 방안도 고려해보라. 컬러 블록 소파, 그러데이션 커튼, 화려한 쿠션이나 침대보, 깔판 같은 것들이다. 다양한 색으로 레이어를 주면 시각적으로 풍성하고 매력적인 공간을 만들 수 있다.

**가구와 실내 일상
용품들도 꼼꼼히 챙기라**

쿠션과 침대보 등에
서로 다른 악센트 색을 주어
레이어를 만들어내자.

서재 구역 만들기
기존의 공간에 독창성을 불어넣고 영감을 주는 독특한 색을 사용함으로써 독립된 서재 구역을 만들라.

6 | 조닝

칸막이가 없는 개방형 구조이거나 큰 방들로 이루어진 집이라면 악센트 색으로 다양한 구역을 나누는 조닝(zoning)을 시도할 수 있다.

메인 공간에서 몇 걸음 걸어서 특별한 기능을 가진 곳으로 이동할 수 있기를 바랄 때에는 공간을 특정한 구역들로 나누는 조닝 기법을 흔히 활용한다. 거실에 있는 서재 구역을 독특한 색으로 구분할 수도 있고, 구석의 독서 공간을 부드러운 보색으로 강조할 수도 있다.

예컨대 수평선이나 수직선 또는 대각선 같은 그래픽 형태로 페인트를 칠하면, 공간이 곧바로 구획되기 시작한다. 가구, 직물, 바닥의 색상도 그에 어울리게 선택하는 것이 좋다.

이 기법은 여러 사람이 함께 살면서 다양한 활동을 하는 집에서 공간 만들기를 할 때 특히 효과적이다. 구획들을 섬세하게 조성하면 다양한 활동에 서로 다른 공간을 배정할 수 있다. 조닝을 활용하면 모든 것에 제자리를 찾아주고, 가정 내 갈등을 줄일 수 있을 것이다.

**구획들을 섬세하게 조성하면
다양한 활동에 서로 다른 공간을 배정할 수 있다.**

7 | 어두운 색을 쓸 때 주의할 점

집을 리모델링할 때 왜 어두운 색 쓰기가 점점 더 유행하는지 쉽게 이해가 간다. 어두운 색들은 고전적일 뿐 아니라 세련됨, 깊이, 신비함을 흔히 연상시킨다. 하지만 주의 깊게 사용하지 않으면 공간이 답답하고 좁다는 인상을 줄 수도 있다. 어두운 색상에 자신 있게 도전하는 데 도움이 될 요령들을 소개한다.

자연에서 어두운 공간은 누에고치나 동굴처럼 안전과 피난처를 떠올리게 한다. 조용한 구석의 독서 자리, 아늑한 라운지나 침대 주위 같은 사적인 공간, 친밀한 공간에 어두운 색이 잘 어울리는 것도 그 때문이다. 어두운 방은 촛불 밝힌 정찬 자리처럼 아주 낭만적인 느낌을 줄 수 있다. 어두운 색을 쓸 때에는 방 안 반사광의 양을 줄여야 한다. 다시 말해서, 빛은 오로지 창문이나 전구 같은 광원에서만 나와야 한다.

어두운 색들을 많이 쓰면 분위기에 압도될 수 있으니, 하루 중 오래 머물지 않는 공간에 쓰는 것이 좋다. 복도 벽의 반높이 패널이나 돌출 현관의 바닥 타일이 이상적인데, 집에 들어서는 순간 강력한 인상을 줄 수 있다. 다만, 벽 전체를 같은 색으로 칠할 필요는 없다. 그보다는 부분적으로 어두운 색을 써서 레이어를 더하고 공간들을 구분하자.

어두운 톤들을 시험할 때에는 각 방의 조명도 주의 깊게 고려해야 한다. 환한 공간에는 짙은 색상이 어울릴 수 있지만, 조도가 낮은 곳에서는 어두운 톤이 우울한 느낌을 줄 수 있다. 어두운 색은 제일 큰 창이 난 방이나 조명이 가장 밝은 방을 위해 예비해두는 것이 좋다.

조도가 낮은 점이 마음에 걸린다면 부분적으로 유광 페인트를 칠해 방 안의 어떤 빛이든 반사하게 해보자. 공간을 따라 이동해보면, 유광 페인트를 칠한 곳과 안 한 곳이 놀랄 만큼 대비될 수 있다. 다만, 유광 페인트는 벽의 흠집이나 굴곡 등 불완전한 점들을 도드라지게 만드니 주의해야 한다!

마지막으로, 당신의 어두운 색 팔레트에 예컨대 노랑 라디에이터나 강렬한 빨강 팔걸이의자, 무성한 실내 식물들로 악센트 색을 들여와 활기를 더하라. 그러면 레이어가 더해지고 방에 생기가 돌 터이다.

어두운 색으로 악센트 주는 법

어두운 색들은 환한 방에 잘 어울리는 반면, 자연광이 부족한 곳에서는 우울한 느낌을 줄 수 있다.

빛을 반사하는 마감재와 대비 효과를 내는 물건들로 어두운 벽면에 생기를 부여하라.

아늑한 침대 주위를 어두운 톤으로 감싸면 고치 안에 있는 것처럼 편안한 느낌이 든다.

8 | 프랙털 유창성에 귀 기울이기

숲속을 걷는다고 생각해보라. 무엇이 보이는가? 머리 위에 가지들이 서로 얽혀 있고, 그 패턴이 가지들 틈새로 내려다보면서 땅에 그늘을 드리우는 파란 하늘을 배경으로 강조되고 있다.

우리는 종종 뒤섞인 토양, 덤불, 낙엽에서 패턴을 발견하고 나무들에 일정한 간격으로 독특한 무늬들이 있는 것을 알아차린다.

나뭇잎 한 장을 손바닥에 놓고 자세히 들여다보자. 잎맥의 패턴이 점점 작아지면서 계속해서 반복되는 것을 볼 수 있을 터이다. 이 유기적 패턴은 자연 안에서 진행되는 역동적 과정의 산물로, 바이오필릭 프랙털(bi-ophilic fractal)이라고 알려져 있다. 강물이 토양을 침식해 협곡들을 만들어내는 과정도 그중 하나이다. 산, 모래언덕, 산호초, 벌집, 눈송이, 꽃, 솔방울, 조개, 자갈, …. 프랙털의 목록은 끝이 없다.

우리 선조들은 이 패턴들을 이용해 지형을 파악하고 탐색했을 것이다. 우리는 그 '프랙털 유창성(fractal fluency)'을 물려받았다. 다시 말해, 자연의 프랙털 패턴을 선호하는 성향이 우리 존재 자체에 뿌리 깊게 자리 잡고 있다. 실제로, 연구에 따르면 프랙털을 보는 것만으로도 스트레스가 60퍼센트까지 줄어들고, 기운을 차리게 될 수 있다고 한다.

자연의 패턴이 건강과 웰빙 전반을 향상시킬 수 있다면, 그중 몇 가지를 홈 디자인에 반영하지 않을 이유가 없지 않은가? 이제부터 그것을 어디에 어떻게 적용할 수 있는지 알아보자.

프랙털의 유형

바이오필릭 프랙털은 인간이 만든 '정확한 프랙털'보다 더 우리 마음에 와닿는다. 덜 엄밀하고, 자연스럽게 생겨난 것이기 때문이다.

자연의 프랙털 패턴을 선호하는 성향인 프랙털 유창성은 우리 존재 자체에 뿌리 깊게 자리 잡고 있다.

하늘을 바라보라
조명 기구 같은 데에
자연 속 패턴을 더할
특별한 기회를
찾아보자.

**패턴을 이용해
강조하라**
독특한 형태에
시선이 가도록 패턴을
활용하라.

**자연이
인도하게 하라**
예컨대 물을 흉내 낸
깔판처럼, 자연 안에서
발견될 만한 곳에
패턴들을 배치하라.

9 | 적재적소에 패턴 사용하기

다른 포유류들과 달리, 인간은 확대된 대뇌 피질(뇌의 바깥층)을 가지고 있다. 이것은 우리가 더 많은 시냅스와 뉴런을 가지고 있음을 뜻한다. 다시 말해, 인간은 뇌의 정보 처리를 돕는 신경세포 연결이 더 잘 이루어져 있다. 그 덕분에 탁월한 패턴 처리 능력을 발달시킬 수 있었다. 실제로 대뇌 피질 기능의 절반 이상이 청각과 촉각 자극 처리보다는 패턴을 비롯한 시각 정보 처리에 쓰인다.

자연에서 발견되는 시각적 패턴은, 사방에 그림자가 생기도록 재단한 램프 갓이나 예컨대 숲을 묘사한 그림이나 사진이 인쇄된 벽지에서 보듯이, 다양한 방식으로 홈 디자인에 활용될 수 있다. 패턴들은 공예품, 스텐실 이미지나 그림들의 배치에까지 적용될 수 있다. 점점이 따로 놓을 수도 있고, 나선형으로 배치할 수도 있는 것이다.

자연 속 패턴을 관찰하는 것은 우리 선조들이 환경에 대한 감각을 형성하는 데 중요한 요소였을 터이다. 따라서 실내에 패턴을 적용할 때에는 자연 속에서 그것들을 발견할 법한 곳에 배치해야 한다.

나뭇잎 패턴을 다시 예로 들어보자. 자연에서 나뭇잎들은 낙엽으로 땅 위에 뒹굴거나, 크고 작은 나무의 가지에서 자라난다. 따라서 나뭇잎을 닮은 패

바이오모픽 (biomorphic) 형태들

자갈을 닮은 발판이나 벌집처럼 생긴 선반과 같이 자연물을 연상시키는 형태를 한 인공물을 가리킨다. 자연에서 받은 영감을 집 안에 적용하는 멋진 방식 가운데 하나이다.

턴들은 어디에든 어울린다. 잎들이 모든 높이에서 다양한 유형으로 자라듯이, 숲 바닥을 흉내 낸 깔판에도 어울리고, 가구에 씌운 천, 쿠션, 벽지와 커튼에도 어울린다. 물, 흙, 풀, 바위나 모래를 닮은 패턴이 그려진 바닥재나 깔판은 발밑에 있는 것이 이치에 맞는다. 자연 안에서 그것들이 있는 자리가 그곳이니까. 바닥재가 하늘을 흉내 냈다면 번지수를 잘못 찾은 것이다. 패턴의 자연적 위계와 배치에 충실하면 복잡성과 질서를 겸비한 더 조화로운 공간들을 만들어 낼 수 있다. 우리의 풍부한 감각 정보를 활용하면, 자연의 공간적 위계와 비율을 별 어려움 없이 제대로 다룰 수 있다. 그러면 모든 것이 자연스러운 자리를 찾게 될 터이고, 모두가 여러분의 집에서 편안함을 느끼게 될 것이다.

**이미지 모음을
활용하라**

방 분위기에 어울리도록
자연 풍광을 담은 사진과
미술품을 벽에
걸어보자.

10 | 이미지로
자연 패턴 살리기

자연 패턴을 디스플레이에 활용하면 건강과 웰빙을 향상시킬 수 있다. 연구에 따르면, 대다수
가 바이오필릭 프랙털 패턴을 포함한 작품을 다른 유형의 패턴을 담은 것보다 좋아한다고 한다.

바닥과 벽에 프랙털 패턴을 적용하면 다른 유형의
패턴을 쓸 때보다 더 사람들 흥미를 끌고 분위기를
살려준다. 특히 병원 환자들은 푸른 잎, 꽃, 나무, 물
같은 자연 요소들을 묘사한 작품을 긍정적으로 평
가하는 반면에, 추상적인 작품을 보면 불안감이 커
지는 것을 경험한다고 한다.

자연의 이미지를 집 안에 들이는 방법은 여러 가
지다. 우선, 자연 풍경을 직접 보고 그리거나 찍은
그림과 사진들을 선반이나 벽에 전시할 수 있다. 아
니면 프린트나 회화 작품들 중에서 고를 수도 있겠
다. 좀 더 추상적인 느낌을 주는 방대한 풍경화나 클
로즈업 사진들 중에서 선택해도 좋지만, 그럴 경우

바이오필릭 프랙털을 핵심 요소로 포함하고 있어야
한다.

이미지나 미술품을 걸기 전에 그것이 어떤 느낌을
줄지 생각해보라. 수풀 지붕 틈새로 은은하게 빛나는
햇빛을 찍은 사진은 편안하고 조용한 장소에 어울릴
법하다. 박진감 있는 바다 풍경을 담은 것이라면 활
력을 느끼고 싶을 때 찾는 방에 어울릴 터이다.

마지막으로 각 방에 어느 정도 크기의, 얼마나 많
은 자연 이미지를 전시하고 싶은지 생각해보자. 초
점이 될 큰 이미지 하나가 될 수도 있고, 미묘하게
차이가 나는 작은 이미지들의 바이오필릭 패턴 집
합이 될 수도 있다.

11 패턴을 이용한 조닝

우리는 어떤 공간의 용도를 알면 그것을 편안하게 느끼는 경향이 있다. 집도 예외가 아니다. 집은 작은 공간들로 이루어져 있고, 그것들은 저마다 다른 목적을 충족시킨다. 패턴들을 이용해 하나의 공간을 저마다 모양과 느낌이 조금씩 다른 더 작은 공간들로 나눌 수 있다.

시각적 패턴을 이용해서 공간을 조용한 곳, 쉬는 곳, 활기를 되찾게 해주는 곳 등등 목적과 활동에 따라 구분하는 방법을 생각해보라.

• **욕실** 물의 잔잔함을 연상시키는 잔물결이나 부드러운 파동 모양의 패턴을 써볼 만하다. 물, 모래, 조개껍질의 패턴을 생각하라.
• **거실** 나뭇잎 패턴, 숲에서 영감을 얻은 모양과 패턴이 긴장을 풀어주고, 기운을 되찾게 해준다.
• **안식처** 또는 **조용한 곳** 침실이나 홈 오피스에는 자연 속의 보호받을 수 있는 공간이나 외딴 공간 이미지를 본뜬, 예컨대 동굴 모양의 패턴을 활용해볼 만하다.
• **활기찬 곳** 폭포나 강물처럼 좀 더 역동적인 자연 시스템을 연상시키는 패턴들이 어울릴 수 있다.

이때 균형을 잡으려고 노력해야 한다는 점을 기억하라. 섬세함이 열쇠다. 패턴들이 공간을 지배하거나 당신을 압도하지 않도록 해야 한다. 자연에는 직선이 없다는 점도 잊지 말자. 날카로운 모서리는 불편하게 느껴질 수 있다. 자, 밖으로 나가 자연계의 패턴들을 관찰하고 그로부터 영감을 구하라.

섬세함이 열쇠다. 패턴들이 공간을 지배하거나 당신을 압도하지 않도록 해야 한다.

모든 곳에
질감을 끌어들이라

벽이나 작품들에 자연의
질감을 가져오면 호기심과
궁금증을 북돋을 수
있다.

질감으로
편안함을 자아내라

부드러운 쿠션과 직물로
가구에 기분 좋은 질감을
더함으로써 촉각적
매력을 빚어내자.

12 | **자연의 질감 즐기기**

지금까지 색과 패턴이 자연과 호혜 관계를 맺는 데 어떻게 도움이 되는지 알아보았다. 이제 질감을 살펴보자. 홈 디자인에 다양한 질감을 활용해서 어떻게 웰빙을 극대화할 수 있는가?

진화 과정에서 꽤 오랫동안 우리 인간은 날마다 동물의 깃털과 털과 비늘, 물과 바위와 자갈과 모래, 그리고 상상할 수 있는 온갖 종류의 풀과 나무를 몸으로 접했을 것이다.

오늘날에도 공간이 질감을 결여하고 있으면 우리의 웰빙은 부정적인 영향을 받는다. 그럴 때 촉감 결핍과 '접촉 굶주림(touch hunger)'을 체험할 수 있다. 질감이란 우리가 느끼고 보는 것이고, 공간 안의

**바닥을
잊지 말자**

발밑으로도 질감을
느낀다. 부드러운 깔판과
어우러진 자연목 바닥재가
기분 좋은 감각 여행의
기회를 제공할 수
있다.

질감 배치는 호기심을 자극하고 탐구를 촉진한다. 우리는 질감들을 보면서 '접촉 가능 여부'를 곧바로 헤아려서 만져도 좋은지 아닌지를 결정한다.

질감이 매력적으로 보이면 그것을 '촉감 매력(haptic invitation)'으로, 다시 말해 우리 촉각에 긍정적 접촉 체험을 제공하는 것으로 여긴다. 이 체험은 소속감을 빚어낼 수 있고, 매력적인 질감들에 둘러싸여 있을 때 우리는 더 편안하다고 느낀다.

질감은 느낌만큼이나 보이는 것도 중요하다. 우리가 두 감각 모두를 통해 그것을 체험하기 때문이다. 그래서 나무의 결을 살리고, 매력적으로 보이고 느껴지는 다른 자연 소재들을 가져다 쓰기도 한다.

질감이 매력적으로 보이면,
우리는 그것을 '촉감 매력'으로,
다시 말해 우리 촉각에
긍정적 접촉 체험을
제공하는 것으로 여긴다.

나무 벽재
목재 패널을 벽에 쓰면
공간에 따뜻함을 더하고
조용한 분위기를
자아낸다.

13 | 목재 이용하기

문명이 시작한 이래로 인간은 집짓기에 나무를 이용해왔다. 그런 의미에서, 우리는 안식처와 따뜻함을 제공하는 목재에 뿌리 깊은 유대감을 품고 있다. 실제로 우리 삶이 속도가 빨라지고 디지털화가 진행될수록 이 관계는 오히려 깊어져간다. 많은 사람들이 집 안에 목재 같은 자연 소재를 들이려고 애쓰는 것이 그 보기이다.

목재는 인공물이 결코 복제할 수 없는 특성을 가지고 있으며, 하나하나 독특하고 유일하다. 아름다운 경질 목재 바닥이나 참나무 조리대는 진정하고, 따뜻하고, 믿음직하다. 목재 사용은 시각적 매력 이상의 의미를 지닌다. 나무는 존재 자체가 명백히 긍정적인 효과를 낸다. 벽과 바닥과 천장에 목재를 쓰면 혈압이 낮아지고, 더 편안함을 느낀다는 사실이 밝혀졌다. 목재에 접하는 것이 웰빙에 미치는 효과를 다룬 연구에서는 더 긍정적인 결과가 나왔다. 미래에 대한 낙관론이 17퍼센트 늘어나고, 자신감이 19퍼센트 올라간 반면, 스트레스는 19퍼센트 떨어졌다. 그러니 목재를 좋아하지 않을 도리가 있겠는가?

목재 사용은 인간과 지구를 위한 윈윈 전략이다. 목재는 내구성 있고 재생 가능하고 아름다운 건축재이다. 나무들은 자라는 동안 광합성을 통해 이산화탄소를 흡수하며, 나무를 베면 탄소가 방출되지 않은 채 그 안에 갇힌다. 따라서 철 같은 탄소 집약적 재료 대신 믿을 만한 출처에서 나온 목재를 쓰면 탄소 발자국을 줄일 수 있다.

목재 패널을 벽재로 쓰거나, 바닥 널이나 나무 들보를 노출시켜 개성과 매력을 늘리는 방안을 궁리하라. 자연스러운 결을 살려서 시각과 촉각이 누릴 혜택을 더하라.

그 밖에 목재를
활용할 만한 곳들
목재 손잡이, 목재 난간, 유목(流木)
장식품, 모서리를 둥글게 다듬은
커피 탁자나 선반(한쪽 모서리에
자연 상태의 나무 모양을 남긴 것,
나무껍질까지 남길 때도 있다.)

14 건축재를 통해 자연과 연결하기

소재를 통해 자연과 연결하는 것이야말로 바이오필릭 디자인의 기본이다. 이것은 자연에서 발견되는 재료, 모양, 질감을 건축 환경에 가져오는 것을 뜻한다. 이때, 그것들이 나온 장소의 지질학적·생태학적 특성을 간직해서 현장감을 자아내도록 가공을 최소화하는 것이 이상적이다.

자연에서 발견될 법한 다양한 질감들이 집 안에 자리잡게 해서 '촉감 매력'을 발산하도록, 다시 말해 긍정적인 촉각 경험을 촉진하도록 하는 것이 중요하다.

가까운 자연환경을 찾아 다양한 질감을 접하면서 영감을 얻고 소속감을 키워보면 좋을 터이다. 자연 속에서 지냈을 때의 좋았던 기억으로 당신을 데려다줄 소재와 질감들을 이용해 당신만의 감각이 살아 있는 공간을 만드는 것이 대안이 될 수 있다.

코르크와 가죽

부드러운 직물 쿠션 커버

집에서 소재를 통해 자연과 연결하는 또 다른 방법들

양모 깔개나
가구 커버

다양한 질감의 천들

시원한
대리석 마감재

점토 또는
도자 가구와 살림살이

나무껍질
이용하기

등나무 의자

이끼 벽(보존 처리한
이끼를 이용한 것.
패널로 나와 있고, 햇빛과 물과
흙을 필요로 하지 않는다.)

석재와 자갈과 조개껍질을
장식품으로 이용하기

연마하지 않은 돌 마감재

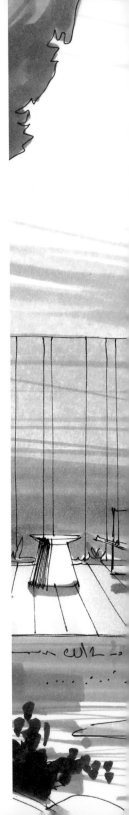

15 마음 돌보는 시간 만들기

다양한 바닥재와 벽 마감재, 가구와 커튼 따위를 이용하면 마음챙김을 북돋우는 감각 여행을 집 안에서 즐길 수 있다. 단조로운 표면들이 자아내는 감각 습관들을 대조적인 질감들이 뒤흔들면, 순간순간 살아 있음을 느끼게 하는 풍부하고 다양한 경험을 제공할 것이다.

발밑으로 다양한 질감을 느낄 때, 우리는 표면의 질감, 굳기, 온도 변화를 감지하면서 지금 이 순간에 몰입하게 된다. 우리는 시각과 촉각 자극에 반응하듯이 질감에도 본능적으로 전정(균형 잡기) 반응을 한다. 자연 안에서, 우리는 딛고 있는 것에 반응해 동작과 균형을 조정해야 한다. 뜨거운 모래밭을 가로질러 달릴 때, 또는 자갈투성이 해변을 절뚝거리며 걸을 때를 생각해보라. 난생처음 차가운 것, 거친 것, 부드러운 것 위에 섰을 때 감각이 어땠는가? 탈것을 타고 공간을 이동할 때와는 반대로, 잠시 이 순간과 주변 환경을 의식하면서 현재의 느낌에 초점을 맞추어보라.

자연 속의 다양한 물질과 표면들은 서로 다른 감각 특성을 가지고 있고, 그것들이 내는 효과는 집 안 어디에서든 재현될 수 있다. 아침에 깨어나서 침대부터 욕실까지 감각 여행을 한다고 상상해보라. 두 다리를 침대 밖으로 빼내 바닥을 디디니 부드러운 모직 깔개가 느껴진다. 이어서 따뜻한 목재 바닥을 가로질러 걸어 차가운 욕실 타일 위로 발걸음을 옮긴 다음, 기운 차리게 하는 뜨거운 샤워 물줄기로 몸을 적신다. 감각을 매 순간 평소보다 예민하게 의식하면서 겪는

이 단순한 일들이 우리 잠을 깨우고 새로운 하루를 시작하는 데 도움이 된다.

마지막으로 고려할 점은 소재들 간의 어울림이다. 앞에서 대조적 질감들이 지닌 '촉감 매력'을 논했지만, 질감들은 서로 조화를 이루기도 해야 한다. 예를 들자면, 소파 위의 양모 커버 옆에 그보다 약간 딱딱한 질감의 직물 쿠션을 두는 것이다. 질감의 균형을 잘 잡는 것이 곧 질감이 주는 혜택을 잘 누리는 비결이다.

덧붙이자면, 나무 조리대가 대리석 조리대보다 더 따뜻하고, 따라서 둘은 만졌을 때 느낌이 서로 다르다. 여름이라면 대리석 쪽이 두 팔을 얹었을 때 기분 좋고 시원할 테지만, 겨울철에는 나무가 더 포근한 느낌을 준다. 집 안에 있는 소재들의 특성을 잘 생각해보고, 공간에 대한 서로 다른 반응을 자아내도록 활용하는 방법을 궁리해보라. 시원하고 딱딱한 표면은 기운차고 활발한 느낌을, 따뜻하고 부드러운 표면은 고요하고 원기가 회복되는 느낌을 준다. 질감을 통해 감각 여행을 할 수 있는 환경을 집 안에 조성하는 것은, 몸과 마음을 섬세하게 돌보고 원기를 되찾을 수 있도록 공간을 디자인하는 흥미진진한 방법이다. 도전해보라!

**바닥재로 질감과
온도 대비 만들어내기**
자갈, 돌이나 세라믹 타일, 직물
깔개나 카펫을 바닥재로 이용한다.
카펫, 마룻널, 깔개, 타일 따위를
이용해 공간을 구획한다. 데크,
석재 타일, 자갈, 우드칩, 풀 등을
이용해 정원을 꾸민다.

**잠시 멈춤의
시간 만들기**
예컨대 디딤돌처럼 흥미를
자아내고 균형 감각을
시험할 수 있는 디자인
지형을 조성한다.

활동들

그 어느 때보다도 오늘날 집은 다기능 공간 역할을
하고 있다. 업무 생활은 점점 더 유연해지고, 집에서
더 많이 운동을 하고, 더 많은 사람들이 자기 계발과
웰빙에 도움이 될 취미 생활을 즐기고 있다. 이 일들을
효과적으로 할 수 있는 공간들을 집 안에 만들어내는
것이 정말로 중요하다. 그러자면 집이 웬만큼 커야
하겠지만, 아주 작은 공간일지라도 더 많은 기능을
맡도록 만들 수 있는 창의적인 방법들이 있다.
이번 장에서는 집 크기와 상관없이 적용할 수 있는
아이디어들을 소개한다.

16 | 업무 공간 만들기

조사에 따르면, 코로나19 팬데믹 이전에도 영국인 가운데 절반 가까이가 이따금 재택근무를 했는데 그중 11퍼센트만이 정해진 업무 공간이 있고, 열 명 중 한 명이 소파에서 일할 때가 많았다고 한다. 그런 환경이 건강과 웰빙에 별로 안 좋으리라는 것은 불 보듯 뻔하다. 재택근무가 늘어나고 있는 요즘 같은 때에는 더더욱 그렇다.

수요가 커진 홈 오피스를 디자인할 때 가장 먼저, 가장 중요하게 생각해야 할 점은 장소다. 업무 장소는 업무 능력에 큰 영향을 미칠 수 있다. 장소에 대해 선택의 여지가 별로 없는 사람이 많을 테지만, 집 안의 나머지 공간과 시청각적으로 최대한 분리된 장소가 이상적이다. 분리야말로 업무의 생산성과 집중도를 높이는 최상의 방법이다. 침실은 되도록 피하자. 침실은 휴식과 회복을 위한 공간이지, 일 생각을 하는 곳이 아니다.

물론, 자기만의 방을 사무실로 쓰는 것이 제일 간편한 방법이겠다. 오롯이 업무용으로 쓸 수 있는 남는 방이 없더라도, 방이 충분히 크다면 화분을 칸막이로 써서 방의 일부를 업무 공간으로 꾸밀 수 있을 터이다. 이 작업은 화분으로 공간에 분리감을 더하는 개방형 선반 만들기만큼이나 간단하다. 식물 파티션을 통해 방해받고 싶지 않다는 뜻을 전할 수 있고, 다른 사람 시선을 의식하지 않고 전화하거나 화상회의에 참여할 수 있다.

적당한 장소를 찾으면 레이아웃을 생각하자. 책상은 되도록 창문 아래에 두라. 그러면 자연광을 만끽할 수 있고, 특히 창밖으로 초록 나무와 풀이 내다보일 경우 집중력을 높이는 데에도 도움이 된다. 연구에 따르면, 자연 조망이 업무 성과를 10~25퍼센트 향상시킬 수 있다고 한다. 창을 통해 계절에 따라 변화하는 자연계를 내다보면서 자연과 연결할 수 있으면 웰빙 수준이 높아진다.

웰빙 수준 높이기
책상을 창문 아래나 가까이에 놓으면 자연광을 만끽하고 창밖의 계절 변화를 알아차릴 수 있다.

업무 공간을 잘 정돈하는 것도 중요하다. 지난달 영수증 한 장을 찾느라고 서류 박스를 샅샅이 뒤지면서 스트레스를 잔뜩 받았던 기억이 누구나 있을 터이다. 항목별로 분류된 서류함들을 갖춘 잘 정돈된 공간에서 일하면 더 효율적으로 살아가고 일하는 데 도움이 된다. 맑은 머리로 생산적으로 일할 수 있으니까.

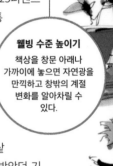

**체계를 세워
효율 높이기**
항목별로 분류된 서류함을
충분히 갖추면 필요한
것들을 쉽게 찾을 수
있다.

**화분을
칸막이로 활용하기**
실내 식물을 이용해 방의
나머지 공간들과 분리된
느낌을 조성하라.

17 | 재택근무의 인체공학

많은 시간을 컴퓨터 앞에 앉아서 보낸다면, 척추를 제대로 떠받치고 신체 건강을 보호해줄 홈 오피스 가구들을 꼭 갖추어야 한다. 그래야 불편을 최소화하고 생산성을 크게 높일 수 있다. 당신은 정말로 똑바로 앉아 있는가? 홈 오피스를 위한 인체공학을 소개한다.

컴퓨터 화면을 눈높이에 맞추고 반드시 몸과 한 팔 떨어지게 하라. 그러면 몸을 수그리는 것을 막고 목의 긴장을 예방하고 똑바로 앉는 버릇을 들이는 데 도움이 된다. 두 눈썹이 화면 상단선과 일치하는지 확인한 뒤, 두 팔을 앞으로 뻗어서 손가락 끝이 화면에 닿을락 말락 하는지도 확인하라.

　다음으로, 반드시 등이 적절하게 지탱되게 하자. 등받침 지점이 허리의 잘록한 등 쪽 부분과 일치해

서 등의 긴장을 덜 수 있도록 인체공학적으로 설계된 사무용 의자를 구입하라. 의자에 팔걸이가 있다면, 팔꿈치를 자연스럽게 올려놓을 수 있도록 조정할 수 있는지 확인하라. 그래야 어깨 긴장이 풀려 편안해진다.

　앉아서도, 서서도 일할 수 있는 책상에 투자하는 것도 고려해봄직하다. 입식 책상은 분위기 개선과 스트레스 감소를 비롯해 여러 가지 신체적·심리적

이점을 제공한다. 한 연구에 따르면, 매일 입식 책상을 사용하는 사람 가운데 87퍼센트가 에너지 수준이 증진되었다가 입식 책상을 치우자 원래 수준으로 돌아갔다고 한다.

협탁과 전등이 딸린 안락의자가 있으면 컴퓨터 화면을 떠나 책상이 필요하지 않은 업무를 처리하는 공간으로 활용할 수 있다.(게다가 뭔가를 읽으러 소파로 가기 위해 업무 공간을 떠나지 않아도 된다.) 좌석과 조명을 골라 이용할 수 있으면 공간에 대한 통제감이 늘어나서 웰빙이 향상되는 것으로 알려졌다.

마지막으로, 잊지 말고 규칙적으로 쉬고 스트레칭을 하자. 짧게 자주 쉬는 쪽이 길게 덜 자주 쉬는 쪽보다 더 효과적임이 입증되었다. 예컨대 한 시간에 한 번씩 5~10분 쉬는 것이 두 시간마다 20분 쉬는 것보다 더 효과적이다. 그러면 똑같은 자세로 앉아 있는 시간이 길어지는 것도 막을 수 있다.

시간을 들여 책상 세팅하기

머리와 등의 각도,
발이 바닥과 접촉하는 방식을
파악한다.

컴퓨터 화면이 눈높이와 일치하면서
몸에서 한 팔 간격 떨어지게 배치하고,
의자에 앉았을 때 발바닥이 반드시 바닥에
수평으로 닿을 수 있도록 높이를 조정한다.

인체공학적으로 더 나은 자세로
일할 수 있도록 설계된 좌식/입식 겸용 책상에
투자하는 것을 고려한다.

18 | 집중력 저해 요인 줄이기

재택근무에는 장점과 단점이 있다. 적어도 직장 동료들이 전화나 회의를 하면서 뒷전에서 떠드는 소리나, 얘기 좀 하자면서 일하는 도중에 끼어드는 일은 피할 수 있다. 하지만 그와 다른 방해 요인들이 존재한다.

가정생활에는 동거인, 파트너, 아이, 반려동물, 청소기, 부엌 찬장을 정리하고 싶다는 충동을 비롯해 집중력을 해치는 여러 요인들이 존재한다. 게다가 형편없는 조명이나 부적절한 업무 공간 같은 디자인 요소들 때문에 주의력이 흐트러지기도 한다.

디지털 기기와 씨름하는 것도 주의 집중을 해칠 수 있다. 우리는 모바일 디지털 기술에 힘입어 소셜 미디어와 메시지 등으로 언제든 친구나 가족들과 접촉할 수 있다. 모바일의 알림 신호를 무시하기란 극도로 어려운 일이다. 평균적인 스마트폰 이용자들은 하루에 2,617번 전화기를 터치한다고 한다. 실제로, 스마트폰을 책상 위에 두는 것만으로도 업무 실적이 떨어질 수 있다. 집중력 저해 요인들은 생산성은 물론이고 우리 몸과 마음의 웰빙에도 악영향을 끼친다.

우선, 집중하려고 애쓸 때에는 소셜 미디어와 메시지 도착 알림 신호를 끄라. 전화기를 에어플레인 모드로 돌려놓으면, 알림의 유혹에서 벗어나 일에 집중할 수 있을 터이다.

다음으로, 시각과 청각이 집의 나머지 공간과 분리되도록 하는 데 힘쓰라. 그게 잘 안 된다면 들릴 듯 말 듯한 배경 소음을 자연스럽게 내는 실내 분수나 폭포 같은 조형물을 설치하자. 업무 공간에 물을 들여오면 긴장 해소, 긍정적 감정과 집중력 향상에 도움이 된다. 인공적인 조형물이 내는 소리는 싫다면, 새소리나 물소리 같은 자연 음향이 스피커를 통해 흐르게 하라. 원하지 않는 소리들을 차단하고 업무에 계속 집중하는 데 배경 소음이 도움이 될 것이다.

스마트폰 치우기
업무 집중도를 떨어뜨릴 수 있는 스마트폰을 비롯해, 업무와 무관한 일체의 디지털 기술을 책상에서 추방하라.

19 | 집중력
회복하는 법

할 일을 앞두고 집중이 안 될 때, 아니면 업무에 너무 열중한 나머지 피로를 느끼기 시작할 때 집중력을 회복하기 위해 할 수 있는 일들이 있다.

비정형 감각 자극(non-rhythmic sensory stimuli, NRSS)은 자연에서 발견되는 조용하고, 부드럽고, 위협적이지 않은 움직임들을 말한다. 풀장에 이는 잔물결, 미풍에 흔들리는 풀이나 나뭇잎 같은 것들인데, 심리 회복을 돕고 컴퓨터 작업으로 인한 눈의 피로를 덜어준다. 이 움직임은 시선을 잡아끌어 멀리 떨어진 무언가에 별다른 노력 없이 집중하게 해준다. 20분에 한 번씩, 20초 동안, 20피트(약 6미터) 떨어진 것에 이런 자극을 받으면 다시 집중할 때 특히 유익하다.(이것을 20×20×20 규칙이라고 한다.)

초록 식물을 업무 공간에 들이는 것도 도움이 된다. 잎이 많은 식물을 창문 곁에 두고 산들바람에 부드럽게 흔들리는 모습을 지켜보라. NRSS를 제공하는 것 말고도, 식물은 공기를 정화해서 독성 물질을 제거해주고, 자연향을 제공하고(로즈메리는 집중과 기억에 도움이 된다), 대체로 생산성을 향상시켜준다. 어떤 식물은 습도를 높여서 눈과 코와 목의 염증을 완화시켜주기도 한다.

한 연구 결과에 따르면, 식물이 보이는 업무 공간은 업무 효율을 10퍼센트 높여주고, 응답자 중 65퍼센트가 건강 개선 효과를, 78퍼센트가 행복감 증진 효과를 보았다고 한다. 식물이 집중력 개선뿐 아니라 몸과 마음의 건강과 웰빙에도 도움을 준다는 증거다.

**비정형 감각 자극(NRSS)이란
자연에서 발견되는 조용하고, 부드럽고,
위협적이지 않은 움직임들을 말한다.**

비정형 감각 자극(NRSS)

키네틱 조각이나 움직이는 반사체(디스코볼이나 모빌 같은 것)는 반짝반짝 빛나서 우리 주의를 끈다.

로즈메리 같은 향기 식물들은 자연향을 내서 집중과 기억력 향상을 돕는다.

NRSS의 아주 좋은 예는 어항이다. 은은한 잔물결이 보는 사람의 마음을 은근히 사로잡는다.

전망 좋은 방

창문, 자연광, 그리고
창문 밖 초목 풍경이 안전한
장소에서 조망하는 듯한
느낌을 자아낸다.

**휴식을 위한
패턴 사용**

바이오필릭 프랙털을
포함하는 미술품이 마음을
가라앉히고 눈을
편안하게 한다.

방향제 활용하기

마음을 차분하게 하는 자연
오일이 방에 들어섰을 때
이완 반응을 유발한다.

20 | 사적 공간 조성하기

누구나 혼자만의 공간을 필요로 한다. 한 걸음 물러나서, 안전하고 조용하다고 느끼는 장소에서 아무 방해도 받지 않으면서 회복할 시간을 가지는 것은 정말로 중요하다.

우리가 안식을 느끼는 공간은 보통 뒤가 가려지고, 앞쪽 시야는 창문이나 적어도 방의 나머지 공간을 가로질러 트여 있는 곳이다. 옛날에 인간은 동굴에 안식처를 꾸리거나 나무에 기대어 휴식을 취했다. '조망과 피신 이론(prospect-refuge theory)'에서는 인간이 다른 존재에게 들키지 않고 주변을 관찰할 수 있는 넓은 시야를 뜻하는 조망에 대한 욕구를 타고난다고 분명히 말한다. 그런 상황에 처했을 때 우리는 아주 편안해진다.

집 안에 그런 환경을 어떻게 조성할 것인가? 간단한 방법이 있다. 방 한 귀퉁이에 등받이가 높은 의자를 놓으라. 창가에 높은 의자를 두라. 아니면 조용한 구석 자리에 작은 서재를 마련하라. 공간이 허락

한다면, 나만의 '휴게실'까지 꾸밀 수 있을 터이다. 언제든 찾아가서 얼마간 쉴 수 있는 방을 상상해보라. 그곳에 어떤 것들이 있을 법한가? 몇 가지 유익한 것들을 덧붙여 소개한다.

- **창문과 자연광**
- **창문 밖 초목 풍경** (또는 창턱에 놓인 화분 몇 개)
- **목재를 씌운 벽 또는 목재 가구:** 공간에 따뜻하고 풍요로운 느낌을 더해준다.
- **미술품:** 바이오필릭 프랙털을 포함한 작품들(p.24 참조)
- **사람의 마음을 사로잡는 실내 식물 배치:** 좌석 주위를 식물들이 둘러싸도록.
- **부드러운 자연 소재 직물들** (그리고 질감들)
- **밝기 조절이 가능한 조명 기구** (예컨대, 사랑스럽고 따뜻한 빛을 내는 소금 램프)
- **방향제**
- **문 자물쇠** (필요할 경우)
- **휴식을 돕는 그 밖의 좋아하는 것들:** 아마도 텔레비전과 몇 가지 읽을거리, 또는 휴식 기분을 내는 데 필요한 것이면 무엇이든지.

> **'조망과 피신 이론'에서는 인간이 주변을 관찰할 수 있는 조망에 대한 욕구를 타고난다고 분명히 말한다.**

21 | 취미 생활을 위한 공간 만들기

그 어느 때보다 많은 활동들이 집 안으로 비집고 들어와 업무와 가정생활이 충돌함에 따라, 사람들은 휴식 시간 보내기의 일환으로 마음을 가라앉히고 기력을 회복시켜주는 매력적인 취미 생활에 힘쓰게 되었다. 자기 자신을 위한 계획을 세우노라면 성취감과 만족감을 느낄 것이다.

DIY, 재봉, 그림 그리기, 액세서리 만들기, 자수, 뜨개질, 글쓰기, 음악 감상처럼 집에서 즐길 수 있는 취미를 가지고 있다면, 취미 활동을 할 공간을 만들어보라. 아니면, 적어도 도구나 장비가 집 안 여기저기에 굴러다니지 않도록 갈무리할 곳이라도 마련하라. 그래야 어질러진 물건들 때문에 받는 스트레스를 줄이고, 취미 활동 시간을 짜낼 수 있다. 여가 시간 짜내기가 얼마나 어려운지 잘 알지 않는가. 언제든 틈날 때마다 바로 시작할 수 있도록 만반의 준비를 갖추어서, 그 소중한 시간을 최대한 활용하자.

창의적 활동을 위한 공간을 재미있게 디자인해보자. 아래에 소개하는 디자인 아이디어들을 활용하면 오감을 자극하고 영감을 주는 공간을 꾸밀 수 있을 것이다.

• **다양한 질감들 통합하기** 흥미와 변화감을 자아내도록, 여러 표면과 가구들에 다양한 질감을 부여하라.

• **악센트 색 쓰기** 생기를 북돋우는 노랑이나 빨강 같은 색을 활용하라.

• **작품 벽에 걸기** 좋아하는 띠나 그림들, 영감을 주는 사진들로 벽을 장식하라.

• **전시하기** 조각품이든 벽걸이 장식품이든 도자기든 스카프든 책이든, 직접 만든 작품을 전시하라.

취미 생활의 주된 목적이 긴장을 푸는 것이라면 부드러운 천으로 감싼 편안한 안락의자나, 마음이 맑아지는 잘 정돈된 별 특색 없는 공간 쪽을 선호할 수도 있겠다. 재미있는 공간이든 마음이 편안해지는 공간이든, 디자인에 신경 쓰면 자기가 원하는 어떤 분위기든 만들어낼 수 있다. 기억하라, 이 공간이 나 자신을 위한 곳임을!

적당한 수납공간 갖추기
취미 생활용 도구들을 잘 갈무리해서 방을 정리된 상태로 유지하고, 필요한 것들을 쉽게 찾을 수 있게 하자.

창의적 활동을 위한 공간들을 재미있게 디자인하라. 디자인 아이디어들을 활용해서 오감을 자극하고 영감을 주는 공간을 조성하라.

**전시 공간
마련하기**

조각품이든 벽걸이
장식품이든 도자기든
스카프든 책이든,
직접 만든 작품을
전시하라.

**운동기구
보관 장소 마련하기**
쉽게 접근할 수 있는 일정한
장소에 운동기구를 보관하면
운동을 빨리 시작하는 데
도움이 될 것이다.

운동 공간 확보하기
운동을 위해 쉽게 자리를
내줄 수 있는 공간을
집 안에서 찾으라.

22 | 운동 공간 지정하기

코로나19 팬데믹으로 운동이 우리 삶에서 얼마나 중요한지가 부각되었다. 외출이 엄격하게 제한되고 재택근무로 전환이 급속하게 이루어지는 상황에서, 이전에는 그저 정상적인 일과 중 일부였던 활동을 하기가 어려워졌다. 하지만 운동이 체중 조절과 몸과 마음의 건강 개선을 비롯해 장 건강에 유익하다는 점은 누구나 아는 바이다.

그렇다면 요가도 좋고 코어 근육 강화 훈련도 좋고 온라인 강좌도 좋으니, 집 안에 운동할 수 있는 곳을 확실히 마련하자. 공간이야 만들면 되는 터에, 아침이든 점심 휴식 시간이든 일과를 마친 후든 운동을 할 곳을 마련하지 않을 이유가 없다.

어디에 운동 공간을 두어야 할까? 거실에서 운동하는 사람이 많은데, 그렇다면 거기 있는 가구는 운동 공간 확보를 위해 옆으로 밀어놓을 수 있는 가벼운 커피 테이블처럼 쉽게 옮길 수 있어야 한다. 빈방이 있다면, 손님이 없을 때 바닥 공간을 자유롭게 활용할 수 있도록 접이식 침대를 두는 방안을 고려해보라.

접근하기 쉬운 곳에 운동기구 보관 장소를 정해두는 것도 운동할 마음을 내는 데 아주 중요하다. 아령, 요가 매트, 탄력 밴드, 폼 롤러 같은 기구들이 집 안 여기저기 뿔뿔이 흩어져 있다면 운동할 마음 먹기가 더 어려워진다. 필요한 운동기구가 한자리에 보관되어 있으면 운동 준비를 하는 데 드는 시간이 짧아진다.

공간이야 만들면 되는 터에, 운동하지 않을 이유가 없다.

23 | 정원에서
운동하기

자연 안에서 마음챙김에 몰입하는 것을 일본에서는 삼림욕이라고 한다.

일본 정부에서는 이 관습을 높이 평가해 2003년부터 400만 달러를 들여 삼림욕의 효과를 연구해왔다. 연구 결과를 살펴보면 긍정 일색이다. 자연 속에서 보내는 시간은 자기 내면을 더 잘 돌볼 수 있게 해주고, 힘든 활동으로 지친 몸과 마음을 더 빨리 회

복시켜준다.

　집에서는 밖으로 나가 정원에서 운동하는 쪽이 몸과 마음을 더 잘 돌보는 데 도움이 될 터이다. 생각해보라. 당신은 한바탕 운동을 마쳤고, 처음에는 거실에 있었으면 더 편안했으리라 생각했던 몸이

**사적 공간
조성하기**

남의 눈길 신경 쓰지 않고
편안하게 운동할 수 있는
장소를 정원에
만들자.

금세 더워졌다가 신선한 공기를 맞아 더 시원해진다. 잠시 쉬노라면 햇빛의 따사로움, 오늘의 날씨, 계절 변화의 미세한 기미, 미풍에 흔들리는 초목들의 소리, 하늘을 나는 새들을 알아차리게 된다. 당신은 자연이 주는 감각 자극을 음미하고, 그 풍요로움과 다양성을 깨닫는다.

물론, 그러려면 집에 정원이 있어야 한다. 만일 있다면, 그곳에서 어떻게 더 쉽고 편안하게 운동할 수 있을지 궁리하라. 필요한 동작들을 하기에 충분히 넓고, 평평하고, 안정돼 있고, 미끄럽지 않고, 청소하기 쉬운 공간을 만들자. 혹시 이웃의 눈길이 신

**자연 속에서 보내는 시간은
자기 내면을 더 잘 돌볼 수 있게 해주고,
힘든 활동으로 지친 몸과 마음을
더 빨리 회복시켜준다.**

경 쓰여 정원에서 운동하기가 꺼려진다면, 격자 울타리나 대나무 펜스, 키 큰 화분 등으로 운동 공간을 둘러싸 프라이버시를 확보하자.

24 | 야외 활동 준비하기

집에서 운동하는 것이 편리하고 빠르기는 하지만, 연구에 따르면 야외로 나가 자연 속에서 운동하는 쪽이 심장 박동 수를 더 낮추고 심장 박동 조절 능력을 더 키워준다. 야외 활동 준비하는 방법을 아래에 소개한다.

자연 속에서 운동하면 불안감이 줄고, 기분도 좋아진다. 최근에 영국 의사들은 밖으로 나가 자연 속에서 지내는 것을 정신 건강 개선책 중 하나로 처방하고 있다.

야외로 나가는 것을 집이 어떻게 도울 수 있는가? 언제든 들고 나갈 수 있게 모든 것을 준비해두면 집 밖으로 나가 운동하는 데 걸림돌이 없어진다. 밖이 너무 덥다고? 물병과 반바지와 민소매 셔츠를 챙기라. 너무 춥다고? 긴 레깅스와 점퍼를 입고 뛰면 된다. 비가 내린다고? 궂은 날 운동할 때 쓰려고 통기성 좋은 우비를 사둔 것 아닌가. 옷장 안에 운동복을 둘 공간을 따로 마련하고, 현관 옆에 하이킹 부츠, 고무장화, 운동화가 든 상자를 두어 운동할 마음이 저절로 들게 하라.

사이클링을 즐긴다면, 자전거 보관이 번거로울 수 있다. 바로 집 앞에 쉽게 이용할 수 있는 보관소

가 있으면 더할 나위 없이 좋겠지만, 만일 없다면 자전거가 소중한 바닥 공간을 차지하거나 통로를 가로막지 않도록 벽에 걸어두는 것을 고려해보라. 타이어 바람이 조금 빠진 것을 알아차리면, 다음번 들고 나갈 때까지 내버려두지 말고 언제든 이용할 수 있도록 곧바로 바람을 채워 넣으라. 미래의 당신이 고마워할 것이다!

어디에서 운동을 시작할지 잘 모르겠다면, 또는 야외 운동에 대한 자신감이 부족하다면 운동 코칭 프로그램, 플로깅(조깅을 하면서 쓰레기를 줍는 운동) 동호회, 지역 러닝 크루(정기적으로 모여서 일정한 거리를 뛰는 모임) 동호회 같은 것에 참여해보라. 이런 활동들이 집을 나설 동기를 강화하고, 지역 주민과 공간에 대한 연결감도 향상시켜줄 수 있다. 다른 사람들과 녹색 공간에서 함께하는 운동은 당신에게 분명 큰 도움이 될 것이다.

동호회 활동과 정신 건강

동호회 활동 참여는 고립감, 우울감, 불안감과 스트레스를 줄여주는 효과가 있다고 한다. 이는 향상된 자신감, 다른 사람들과 연결되었다는 감각과 성취감 덕분이다.

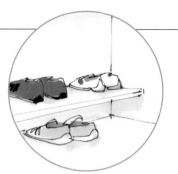

운동 장비들을 현관 옆의 이용하기 편리한 장소에 잘 정리해두면, 들고 나갔다가 운동 후 제자리에 되돌리기가 더 편해질 것이다.

자전거를 벽에 걸어서 보관하면 통로에서 걸리적거리는 일을 줄이고 바닥 공간을 더 넓게 쓸 수 있다. 단, 진흙탕을 달렸을 때에는 깨끗이 손질해두어야 한다.

이용하기 전에 미리 운동 장비를 손보아서 운동을 가로막는 요인들을 제거하자.

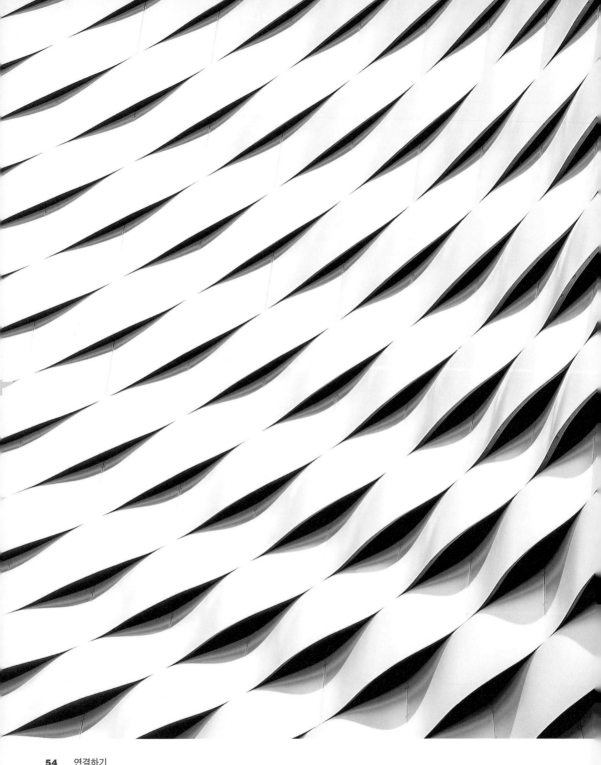

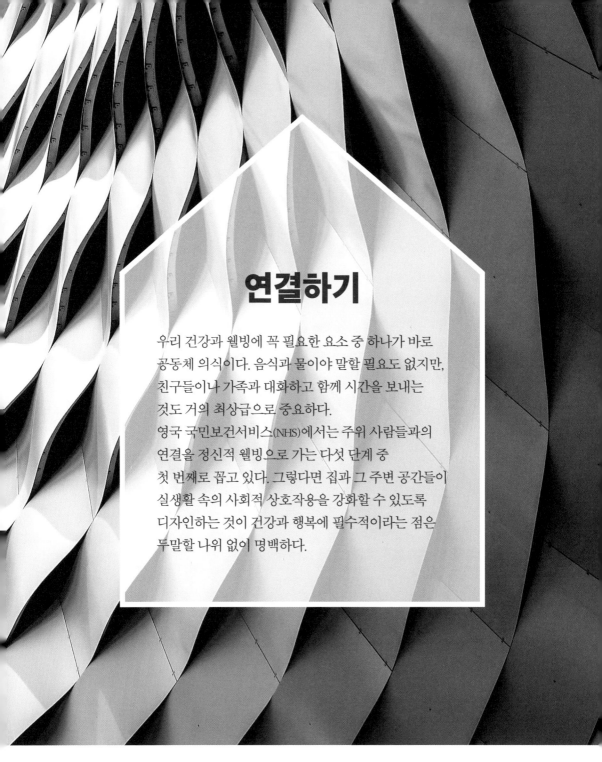

연결하기

우리 건강과 웰빙에 꼭 필요한 요소 중 하나가 바로
공동체 의식이다. 음식과 물이야 말할 필요도 없지만,
친구들이나 가족과 대화하고 함께 시간을 보내는
것도 거의 최상급으로 중요하다.
영국 국민보건서비스(NHS)에서는 주위 사람들과의
연결을 정신적 웰빙으로 가는 다섯 단계 중
첫 번째로 꼽고 있다. 그렇다면 집과 그 주변 공간들이
실생활 속의 사회적 상호작용을 강화할 수 있도록
디자인하는 것이 건강과 행복에 필수적이라는 점은
두말할 나위 없이 명백하다.

25 | 찾고 싶은 부엌 만들기

부엌은 많은 사람을 연결하는 허브이다. 부엌은 사회적 교류가 활발히 일어나는 공간이다. 우리는 이곳에서 시간을 보내면서 다른 사람들과 관계를 맺는다. 친구나 가족과 커피나 와인을 한 잔 마시기도 하고, 같이 요리를 하거나 식사를 함께 하기도 한다.

식탁 외에 별도의 테이블과 의자 세트, 소파나 안락의자 같은 다양한 공간을 마련하면 이 사회적 기회를 더 잘 살릴 수 있다. 높이가 낮은 가구를 배치하면 공간이 개방된 느낌을 주고, 시야가 트여서 공간 전체가 눈에 들어온다. 그러자면 칸막이가 없는 레이아웃이 이상적인데, 칸막이가 없으면 한데 모여서 교류하고 싶은 마음을 북돋울 수 있다. 그래도 부엌과 식사 공간을 구분하고 싶다면, 고정된 벽을 세우지 말고 예컨대 강화유리나 오픈형 선반, 화분대를

반 칸막이로 써서 자연스럽게 경계를 짓자.

물론 음식은 중요하고, 사람들을 한자리에 모으는 데 큰 역할을 한다. 부엌-식당은 우리에게 영양분을 공급하고 건강에 좋은 행동을 권장하는 곳이어야 한다. 주방 용품과 음식의 적절한 배치가 거기에 큰 영향을 미친다. 주스기와 정수기를 조리대 위 편하게 이용할 수 있는 곳에 놓으라. 아니면 먹음직한 과일을 담은 그릇이나 조리용 허브를 심은 상자를 창턱에 두라.

실용적 공간 만들기
여러 방식으로 다양한 활동을 벌일 수 있는 공간을 만들어내라.

색이 주는 이점들(pp.14~23 참조)을 살릴 수도 있겠다. 부엌에 밝고 강한 톡톡 튀는 색들을 쓰면 아침에 기운을 북돋우고, 사교 활동에 즐거움을 더해준다. 조명도 사회적 상호작용을 증진시키는 요소이다. 떠들썩한 모임부터 낭만적이고 사적인 모임까지, 다양한 용도와 분위기에 맞춰 밝기를 폭넓게 조절할 수 있는 조명 장치를 마련하는 것이 중요하다.

다시 말해서, 부엌과 식당은 유연하고 개방되고 매력적인 공간이 되어야 한다. 다른 사람들과 함께 시간을 보내고 싶어지는 완벽한 허브 공간이 되어야 하는 것이다.

조리용 허브를 심은 상자를
쉽게 손이 닿는 창턱에 두어
신선한 식재료로 활용하게 하라.

행복의 열쇠

하버드대학교에서 75년에 걸쳐
수행한 유명한 과학적 연구인
하버드 그랜트 스터디에 따르면,
행복한 삶의 궁극적 비결은
다른 사람들과 굳건한 유대를
맺는 것이다.

과일 그릇을 조리대에 두면
식욕을 자극할 뿐 아니라
건강한 간식에 먼저 손이 가게 할 수 있다.

**상호작용을 위한
공간 만들기**

이용자들이 치유 효과가
있는 활동을 중심으로
상호작용하게 하는
공간을 만들어내라.

주스기를 조리대에 배치해서
주스 만들기를 생활화하라.

 **수프의 힘**

우리 회사에서는 점심시간에 날마다 한데 모여서 신선한 수프를 먹는다. 오전 중 어느 시점엔가 "오늘 수프는 뭘로 하지?"라는 질문이 나오면, 잠시 토론하고 나서 서둘러 청과물을 사러 간다.

수프는 그날의 자원자가 회사 주방에서 만들고, 준비되면 다들 회의 탁자에 둘러앉아서 왁자지껄 대화하고 논쟁하면서 맛나게 먹는다. 우리는 이 과정을 너무나 좋아해서, 더위에도 불구하고 여름에도 내내 수프를 만든다. 건강에도 좋고 영양도 만점이니 일거양득이다. 식사로 건강을 얻고, 공동체 의식으로 웰빙을 얻는다.

이 수프의 힘을 어떻게 집으로 들여올까? 누구든 함께 사는 사람과 같이 시간을 좀 들여서 각자에게 요리할 기회가 돌아가도록 역할 분담을 하고 일주일 식단을 짜서, 좋아하는 음식을 서로 나누면 될 터이다. 아니면, 모여서 정원 가꾸기를 할 수도 있고, 저녁에 함께 공작을 하거나 퍼즐을 풀면서 취미 생활을 서로 나눌 수도 있다. 어떤 사람에게는 대화가 연결 수단으로 자연스럽게 다가오고, 또 어떤 사람에게는 활동이나 기술을 공유함으로써 유대를 맺는 쪽이 더 편안할 수 있다.

요령은 이 일들에 쓸 공간과 가구를 마련하는 것이다. 게임 도구들을 언제든 이용할 수 있도록 보관할 장소가 있는가? 치우면 놀이나 공작을 함께할 수 있을 만큼 크고 편안한 탁자가 있는가? 당신이 요리하는 동안 다른 사람이 곁에 앉을 수 있는 곳이 마련되어 있고, 다른 사람이 요리에 동참할 수 있을 만큼 조리대가 충분히 넓은가? 사람들이 한데 모여 제대로 참여할 수 있게 하고 싶다면, 이 모든 것을 미리 준비해두어야 한다.

그리고 무엇보다 중요한 점은, 사람들이 모이고 머무르고 싶어질 만큼 공간이 따뜻하고 매력적이어야 한다는 것이다. 난로에 불을 피우고, 배경음악을 틀고, 여분의 쿠션과 담요를 가져다두기만 해도 함께하는 시간의 질을 높일 수 있다.

**사람들이 모여서
활동과 기술을 나누는 데 도움이 되는
공간과 가구를 마련하라.**

조명 적절하게 조절하기
탁자 표면에 빛이 골고루 비치되 주의가 산만해지거나 불편할 만큼 눈부시지 않도록 한다.

과도한 소음 줄이기
말소리가 더 잘 들리도록, 커튼이나 가림막으로 생활 소음을 줄인다.

큰 탁자 갖추기
식탁은 가장 사교적인 공간이다. 가족이나 친구들과 연결할 때 꼭 필요한 가구이다.

조명이 열쇠
빛의 밝기를 조절할 수 있는 스탠드가 있으면 원하는 분위기에 맞춰 밝기를 바꾸고 자리를 옮길 수 있다.

보드게임
하던 생각에서 아직 완전히 벗어나지 못하고 정말로 중요한 문제를 거론하고 있지 않은 상황에서도 다른 사람과 상호작용할 수 있는 멋진 방법이다.

27 | 유연한 거실 공간 만들기

거실은 사람들과 함께 시간을 보내는 또 다른 공간이다. 하지만 친목 활동 중에도, 우리에겐 가끔 뒤로 물러나 마음을 다시 가다듬을 시간이 필요하다. 이번에는 약간 소극적으로 다른 사람들과 교류하는 방법을 소개한다. 사랑하는 사람들과 지내는 소중한 시간을 즐기면서도 이따금 활동을 멈추고 긴장을 풀 수 있게 해주는 거실 공간은 정신적 웰빙에 정말로 중요하다.

아침이면 다들 거실에서 모닝커피와 더불어 책이나 신문을 보면서 시간을 보낼 법하다. 이 시간에는 바깥 풍경이 내다보이는 데에 놓인 등받이 높은 안락의자가 제격이다.

저녁이면 거실에서 다른 사람들과 같이 텔레비전을 보거나, 음악 감상을 하거나, 벽난로의 흔들거리는 불빛을 바라보거나, 독서를 하면서 지낼 법하다. 이 느슨한 사회적 상호작용을 잘 배치된 가구들이 뒷받침할 수 있다. 소파나 안락의자들을 서로 직각이 되게 배치하면 똑바로 마주 보게 놓았을 때보다 더 편안한 느낌을 준다. 마주 보면 대립하는 듯한 느낌이 들 수도 있다.

거실 공간은 안전하고 차분해야 하지만, 다른 한편으로는 여러 욕구들에 부응할 수 있을 만큼 유연하기도 해야 한다. 친구들이나 가족과 떠들썩하게 게임을 할 수도 있고 느긋하게 대화를 나눌 수도 있는 공간이므로, 필요에 따라 상황을 통제할 수 있다는 느낌을 주는 것이 중요하다. 조명은 밝기와 위치 조절이 가능해서 원하는 분위기에 맞추어 바꿀 수 있어야 한다. 그와 더불어, 쉽게 자리를 옮길 수 있는 가구도 필요하다. 예컨대 협탁들을 마련해두면 각자가 들고서 커피 테이블 주위에 모이거나 흩어져서 와인 한잔 편히 즐길 수 있을 것이다.

소파나 안락의자들을 서로 직각이 되게 배치하면 똑바로 마주 보게 놓았을 때보다 더 편안한 느낌을 준다.

28 | 매력적인 현관 공간 만들기

집의 외관이 마음에 든다면 정신적 웰빙 향상에도 도움이 된다. 또 집 안으로 들어서는 공간 이동의 순간이 유쾌한 체험을 제공할 수 있어야 한다. 즉, 활동 무대를 전환하며 스위치를 바꾸는 순간이 되어야 한다.

첫인상이 중요하다. 집에 대한 첫인상은 대부분 현관문에 다가서는 동안 형성되므로, 환영을 표현하는 출발점도 이곳이어야 한다. 연구에 따르면, 잠재적 주택 구매자 가운데 80퍼센트가 집 안에 들어서자마자 그 집이 괜찮은지 별로인지를 판단한다고 한다.

현관 공간을 새로운 눈으로 바라보라. 바닥재, 실내 식물, 그리고 현관문 자체가 당신이 원한 만큼 환영의 뜻을 표현해주고 있는가? 통로를 다시 포장하고 바닥재를 바꾸고 향기 식물을 들이라. 현관 쪽 벽이나 현관문을 새로 칠하고 센서등을 달라. 그러면 현관 공간이 놀랄 만큼 달라지고, 누구든 기꺼이 맞이할 수 있게 될 터이다.

집 안에 들어와 인테리어에서 드러나는 집주인의 개성을 처음 접하는 순간, 그러한 환영은 지속되고 확장될 것이다. 감각 면에서 보자면, 환영의 뜻은 따뜻하고 매력적인 색깔들, 나무나 꽃이 내뿜는 은

현관 옆에 물건을 올려두거나
걸터앉아서 신발을 벗는 데 쓸 좌석을
마련하라. 더는 우왕좌왕하거나 통로를
가로막지 않게 된다.

첫인상이 중요하다
신발 보관대, 향기 식물,
부드러운 조명 등을 이용해
기능성과 환영의 뜻이
잘 어우러진 현관 공간을
만들어내자.

따뜻하고 사람을 환영하는 듯한 색들로
내구성 있는 마감 칠을 해서 매력적이면서도
실용적인 공간을 창출하라.

은한 향기, 따뜻하고 차분한 조명을 통해 표현된다.
현관은 다양한 활동이 이루어지는 기능성 공간
이므로, 반드시 쉽게 닦아낼 수 있는 (유광 또는 무광)
페인트로 벽을 칠하거나, 오래가는 패턴 벽지를 써
서 얼룩이나 흠집을 가려야 한다. 집에 들어오거나
집을 나설 때 정리와 준비를 돕는 가구를 배치해 스
트레스를 최소화하자. 예컨대 앉아서 신발을 신거
나 벗을 수 있는 좌석, 신발 보관대, 외투나 열쇠 걸
이, 차림새를 점검할 수 있는 거울이 필요하다.

종종 집에 들어와 인사하거나 신발을 신으며 작
별 인사를 할 때 현관에서 대화가 이루어지기도 한
다. 현관 옆에 좌석을 마련하라는 조언이 이상하게
들릴 수도 있겠지만(현관 앞에서 차를 마실 일은 거의
없을 테니까!), 신발 보관대를 잠시 걸터앉을 자리로
쓸 수도 있지 않을까?

현관 옆에 나무나 꽃을 두면 집에 들어섰을 때
산뜻하고 생기 넘치는 환영 인사를 전할 수 있다.

29 | 초점 만들기

사람들을 모아서 서로 연결하게 하는 멋진 방법 가운데 하나는 사람들이 앉아서 칭찬하고, 수다 떨고, 편안히 쉴 수 있는 초점을 집 안에 만드는 것이다. 초점이 있으면 서로 간에 정서적 유대가 생겨나서 결속과 공동체 의식이 증진된다.

불은 흥미로운 예이다. 진화라는 관점에서 보면, 불은 사람들이 따뜻하게 지내고, 요리를 하고, 자신을 보호할 수 있게 해주었다. 불을 안전과 연관 짓는 이 감각은 오늘날까지 전해졌다. 연구에 따르면, 인간은 불 주위에 모여 있을 때 혈압이 낮아지고, 다른 사람들과 유대를 형성하고, 더 사교적으로 행동한다고 한다. 집 안으로 치자면 벽난로나 화목 난로(p.140 참조)가 그런 곳일 수 있겠다. 둘 다 선택지가 될 수 없다면, 장작불이 타는 모습이 담긴 동영상을 텔레비전이나 컴퓨터 화면을 통해 틀어두는 것이 대안이 될 수 있겠다.

석양이나 별 함께 바라보기도 고려해볼 만하다. 다른 사람들과 같이 그것들을 볼 때, 우리는 서로 연결되었다고 느낀다. 정원에는 화덕이나 야외용 화로를 갖춘, 환하고 비바람이 들이치지 않는 앉을 자리를 마련해보라. 아니면, 앉아서 풍경을 바라볼 수 있는 정자를 만들 수도 있겠다. 이 외부 공간들은 남들 눈에 띄지 않아서 편안하게 사교 활동을 할 수 있는 곳에 마련하는 것이 이상적이다.

집 안팎의 다른 초점들로는 대형 예술품, 인공 폭포 같은 수경 시설물, 키네틱 조각, 어항, 사람들의 관심을 모으고 감탄을 자아내고 대화를 유발할 수 있는 조형물 등을 꼽을 수 있다.

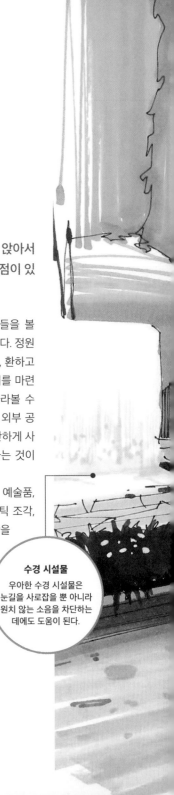

수경 시설물
우아한 수경 시설물은 눈길을 사로잡을 뿐 아니라 원치 않는 소음을 차단하는 데에도 도움이 된다.

연구에 따르면, 인간은 불 주위에 모였을 때
혈압이 낮아지고, 다른 사람들과 유대를 형성하고,
더 사교적으로 행동한다고 한다.

키네틱 조각
집 안팎의 조각품들은
사람들을 불러 모아 대화에
참여하게 한다.

초점 노릇을
하는 불
부드럽게 일렁이는 불꽃이
초점을 형성하고 고요함,
따뜻함과 안전하다는
느낌을 제공한다.

이웃과 연결하기

사교 활동과 커뮤니티 형성은 집 안에서만 이루어지는 것이 아니다. 완벽한 충족감을 느끼려면 이웃들과 좋은 관계를 맺는 것도 중요하다. 사람들이 현관 포치에 앉아서 지나가는 이웃에게 손을 흔들거나 커피 한잔 하라고 초대하는 모습을 상상해보라.

슬프게도, 영국에서는 이웃에 사는 사람을 모르는 게 전혀 드문 일이 아니다. 실제로 영국 사람 열 명 가운데 여덟 명이 이웃 관계가 점점 소원해지는 것을 걱정한다. 아마 기후 탓도 있는 것 같고, 다른 문화권 사람들보다 덜 사교적이라 그런 것 같기도 하다. 하지만 이웃다움을 실감하지 못하면 자기가 사는 지역에서 소외감과 위화감, 그리고 불안감을 느끼게 되기 마련이다.

이웃 관계의 쇠퇴에도 불구하고, 영 파운데이션의 조사 결과에 따르면 52퍼센트의 사람들이 이웃을 집에 초대했을 때 행복감을 느끼고, 40퍼센트는 이웃을 믿고 보조 열쇠를 맡길 의사가 있다고 한다. 그렇다면 이웃 관계 회복은 가능하고, 단지 그럴 만한 계기가 필요할 뿐인지도 모르겠다.

영 파운데이션
소셜 이노베이터이자 비영리 싱크탱크로서, 이웃 관계와 소속감이 웰빙을 향상시키고, 삶의 기회를 늘리고, 범죄를 줄이고, 비공식 사회 통제에 도움이 되고, 상호부조와 지원을 촉진한다는 내용의 보고서를 펴냈다.

2020년 코로나19 봉쇄 기간에 여러 지역에서 (소셜 미디어 플랫폼을 통해서) 독자적인 상호부조 단체들이 만들어졌고, 이를 통해 장보기나 다른 볼일들을 이웃끼리 서로 도와서 처리할 수 있었다. 이런 단체들, 또는 예컨대 보건의료 종사자에게 감사하기 릴레이 같은 이벤트들이 이웃과 연결하는 데 도움이 되었다.

이러한 경험들을 발판 삼아 집 밖에서 사회적 공간들을 만들어냄으로써 이웃들과의 연결을 촉진할 수 있다. 어쩌면 당신에겐 이미 돌보는 정원이나 정기적으로 물을 주고 가지치기를 해주는 화분이 있을 수도 있겠다. 집 앞에 일출이나 일몰을 감상할 수 있는 벤치를 마련할 수도 있겠다. 홀로 사는 사람에게 생명줄이 될 수도 있는, 지나가는 이웃과 우연한 만남의 자리를 마련하는 멋진 방법들이다.

연결하기에 관한 도움말

출입문 밖에 화분을 두고 돌보면 이웃과 긍정적인 만남의 기회를 누리게 해준다.

출입문에 밝은 조명을 설치하면 이웃과 대화할 기회가 늘고 보안에도 도움이 된다.

출입문 앞에 의자나 벤치를 마련하는 것은 이웃과 커피 한잔 함께하는 멋진 방법이다.

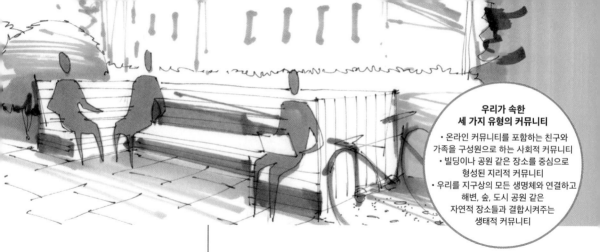

31 지역사회와 연결하기

거주 지역 안의 다른 사람들과 연결하면 소속감이 증진되고 웰빙이 향상된다. 사회적 지위와 상관없이, 지역사회와 사회적 유대를 강하게 맺을수록 정신 건강 문제가 줄어든다.

그 방법은 무엇인가? 따뜻한 나라들에서는 중심지 광장이 커뮤니티를 통합하는 역할을 한다. 날이 선선해지는 저녁이면 주민들이 그곳에 모여서 대화를 나누고, 신선한 공기를 만끽한다.

기후 조건이 그런 저녁 모임에 적합하지 않은 곳이라 하더라도, 지역사회와 연결하는 다른 방법들이 있다. 우선은 굳이 먼 데까지 가지 말고 가까이 있는 만남의 장을 찾는 것이 좋다. 동네 공원, 레스토랑, 카페를 방문하라. 동네 상점에서 쇼핑을 하는 것도 지역사회를 알게 해주는 아주 좋은 방법이다.

2020년 팬데믹을 겪으면서 사람들은 동네에서 자연을 접할 수 있는 곳들의 소중함을 더 잘 알게 되었다. 집 근처 야외 공간에서 규칙적으로 운동하는 사람들도 늘어났다. 이 습관을 유지하자면 그런 공간들이 안전하고 매력적이고 편히 접근할 수 있다는 느낌을 주어야 한다. 쓰레기 줍기, 동네 텃밭 가꾸기 같은 커뮤니티 활동들이 공동 활동을 중심으로 사람들을 불러 모으고 동네를 살고 싶은 곳으로 만들어준다는 점에서 도움이 된다. 실제로, 한 조사에 따르면 동네 모습이 만족스럽고 집과 지역사회가 개선되고 있다고 믿을 때 정신적 웰빙이 향상된다고 한다.

파클렛(parklet)도 도시에 새롭게 추가된 멋진 발명품이다. 파클렛은 차도를 줄이고 보도를 확장해서 차 한두 대 주차할 만한 넓이로 만든 곳으로, 사람들이 대화를 나누거나 잠시 쉬어 갈 수 있는 작은 휴식 공간이다. 녹지를 조성하면 미니 공원으로 바꿀 수도 있다.(그래서 이름이 파클렛이다.) 어떤 지역에서는 파클렛 덕분에 보행자 통행량이 44퍼센트 증가하고, 잠깐 들렀다 가는 사람이 세 배로 늘었다. 아울러, 재미있고 깨끗하고 사람 사귀기 좋은 곳으로 알려지는 등, 지역에 대한 인지도도 높아졌다고 한다. 결코 어려운 일이 아니다! 당신 근처에도 이런 용도로 재활용할 만한 공간이 있지 않은가?

혹시 이 일에 참여하거나 아예 주도적으로 나서고 싶다면, 지역 주민들이 모이는 온라인 플랫폼을 활용할 수 있을 터이다. 만일 없다면? 직접 만들어 보시라.

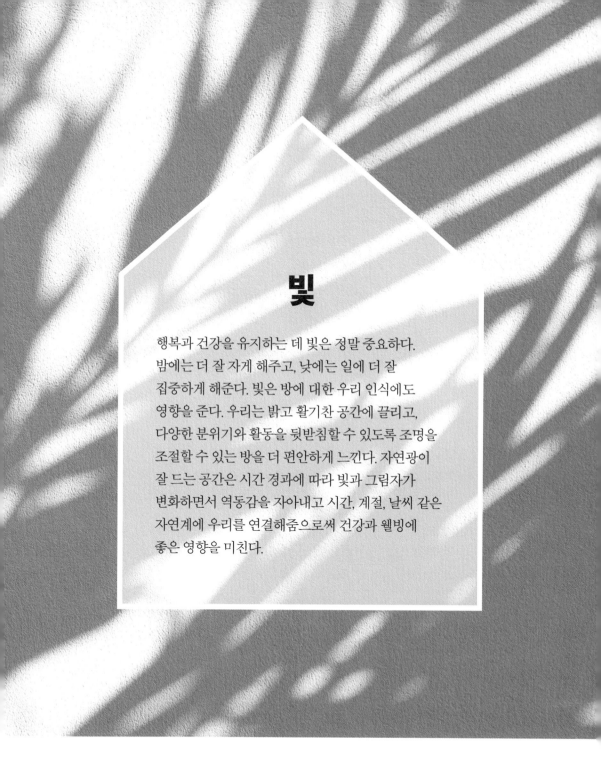

빛

행복과 건강을 유지하는 데 빛은 정말 중요하다.
밤에는 더 잘 자게 해주고, 낮에는 일에 더 잘
집중하게 해준다. 빛은 방에 대한 우리 인식에도
영향을 준다. 우리는 밝고 활기찬 공간에 끌리고,
다양한 분위기와 활동을 뒷받침할 수 있도록 조명을
조절할 수 있는 방을 더 편안하게 느낀다. 자연광이
잘 드는 공간은 시간 경과에 따라 빛과 그림자가
변화하면서 역동감을 자아내고 시간, 계절, 날씨 같은
자연계에 우리를 연결해줌으로써 건강과 웰빙에
좋은 영향을 미친다.

32 일주리듬 이해하기

인간은 하루 동안 일어나는 빛과 어둠의 변화에 맞추어 대략 24시간 주기를 따르는 생체 시계를 몸 안에 지니고 있다. 이것을 일주리듬(circadian rhythm)이라고 하는데, 가령 날짜변경선을 가로질러 여행하거나 밤늦도록 깨어 있거나 야간 교대 근무를 할 때처럼 인공광 아래서 주간 활동을 야간까지 이어갈 때 이 리듬이 크게 어지러워지기도 한다.

햇빛 샤워
하루에 적어도 30분은
아침 햇빛에 몸을
담그라.

일주리듬은 수면 주기를 좌우할 뿐 아니라 행동, 식욕, 호르몬 분비, 체온, 각성 상태에도 영향을 미친다. 피로가 기분, 집중력, 음식 선택에 영향을 주는 것도 그 때문이다. 숙면을 취하지 못하면 건강에 안 좋은 식습관이 들어서 체중이 늘어날 가능성이 커진다. 또한, 잠을 잘 못 자면 기분이 나빠져서 대인관계가 틀어질 수도 있고, 낮 시간에 집중력이 떨어질 수도 있다.

건강과 행복을 떠받치는 집을 만들어내려면 우리 몸이 빛에 반응하는 방식을 꼭 알아야 한다. 신체 기능이 최상일 때가 언제인지, 피로가 언제 어떻게 당신에게 영향을 주는지, 날마다 낮 동안 햇빛을 얼마나 쬐는지 생각해보라. 혹시 일주리듬이 깨질지 몰라 걱정스러운가? 이번 장에서는 자연광과 인공광을 이용해 일주리듬을 재설정하고 건강을 유지하는 방법을 소개한다.

햇빛 속 색깔들
자연광 속에 든 색깔들이 보내는 미묘한 신호가 수면-각성 사이클에 영향을 준다.

일광욕
자연광을 실내로
들일 수 있는
디자인 기회를
최대한 활용하라.

33 | 햇빛 들이기

일주리듬을 건강하게 유지하는 가장 쉬운 방법은 낮에 햇빛에 노출되는 시간을 늘리는 것이다. 하루 중 90퍼센트가량을 실내에서 생활하니까, 되도록 많은 햇빛을 실내에 들이는 것이 중요하다. 직장에서는 마음대로 하기 쉽지 않겠지만, 집에서라면 가능하다.

햇빛이 집 안에 드는 것을 막는 외부 장애물을 확실히 제거하는 방법들을 알아보자. 제일 간단한 조치는 창문을 깨끗이 닦는 것이다. 돈 별로 안 들이고 집 안으로 들어오는 빛의 질을 곧바로 높일 수 있는 방법인데도 깜빡할 때가 많다.
또 다른 비법은 빛을 가로막는 창문 밖 가지나 잎들을 쳐주는 것이다. 초록 경관을 확보하는 것이 웰빙을 향상시키는 좋은 방법이기는 하지만, 가지나 잎이 창가 너무 가까이 있어서 방이 어두워지는 것까지 바라는 것은 아니다. 덩굴 식물을 깔끔하게 정리하고 관목 가지치기를 해보자. 잔가지를 쳐서 정돈하는 것은 물론이고, 그늘이 너무 커서 창을 온통 가릴 정도라면 아예 나무를 통째로 잘라내야 할 수도 있다. 나무를 사랑하고 최대한 잘 보살펴야 하지만, 큰 나무가 집에 너무 붙어 있으면 문제가 될 수 있다. 동네 나무의사에게 조언을 구해서 최선의 해결책을 찾으라.

자연광 극대화하기

혹시 대대적 리모델링 또는 보수 공사를 하고 있다면 다음 조치들을 고려해보라.

계획이 승인된다면
창문을 더 낸다.

창문턱을 낮추어서
(비용 대비 효과를 최대한 높이면서)
창문을 키운다.

가능하다면 기존 창문을
더 큰 것으로, 또는
창틀이 더 작은 창문으로 바꾼다.

장식용 창살을 넣어
잘게 쪼갠 창유리를
통창으로 바꾼다.

지붕에 가까운 창문 없는 공간에
햇빛을 들일 수 있도록,
빛을 반사하는 작은 튜브(sun tube)를
설치한다.

빛을 들일 뿐 아니라
환기에도 도움이 되는
천창을 설치한다.

34 햇빛 한껏 누리기

햇빛이 최대한 들도록 집 안에서 할 수 있는 일이 많다. 실내 식물을 사면 창턱에 놓는 게 제일 좋다고 생각하는 사람이 많다. 그렇지 않다! 햇빛을 너무 많이 받는 것을 싫어하는 식물도 많거니와, 사람에게 유익한 빛을 가리기 때문이다.

커튼이나 블라인드가 창문을 가리지 않게 하는 것도 좋은 아이디어다. 커튼이 창틀의 일부를 가리지 않도록, 창문 폭보다 조금 긴 커튼레일을 써서 커튼을 완전히 열어두라. 묶는 끈을 이용하면 커튼을 제자리에 확실히 고정시킬 수 있다. 블라인드가 있다면, 그것도 평소에는 창틀 위쪽에 접어두면 된다.

세 번째 도움말은 너무 빤한 소리처럼 들릴지도 모르겠다. 소파나 침대의 등이 창문 쪽을 향하게 놓여 있다면, 창문을 마주 보도록 방향을 돌려보라. 그러면 햇빛도 최대한 많이 들고, 빛이 드는 모습을 감상할 수도 있다. 게다가 창밖 풍경이 근사하면, 원기를 회복하는 데에도 도움이 될 터이다.

실내 식물을 창문에서 떨어진 곳에 두면 빛을 들이는 데 도움이 된다.

창문을 가리는 것이 없게 하라

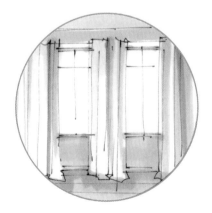

창문 폭보다 긴 커튼레일을 쓰면 커튼을 완전히 열어둘 수 있어서 자연광을 한껏 누릴 수 있다.

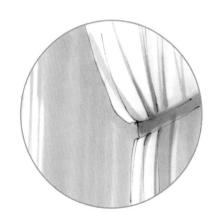

셋집에 산다면, 묶는 끈을 이용해서 커튼을 최대한 열어두면 된다.

35 | 집 밖으로 나가기

집 밖으로 나서는 것도 효과 만점이다. 연구에 따르면, 캠핑을 하는 동안 햇빛에 노출되는 수준이 평소보다 400퍼센트 가까이 높아지면서 일주리듬이 재설정된다고 한다.

물론, 대부분이 일상생활에서 그런 수준의 노출 기회를 얻기는 어려울 터이다. 하지만 햇빛 샤워가 있지 않은가. 일주리듬 전문가들은 아침에 일어나서 제일 먼저 30분 정도 강렬한 자연광을 쐬는 것이 무너진 일주리듬을 회복하는 첩경이라고 조언한다. 야외에서 운동을 하거나, 산책을 하거나, 자전거로 출근하거나, 아니면 그냥 놀러 나가기만 해도 수면-각성 사이클의 균형을 다시 잡는 데 도움이 될 것이다.

홈 디자인에서는 어떻게 하면 더 자주 문밖으로 나갈 마음이 나게 할 수 있을지를 고려하는 것이 중

다양한 좌석 마련하기
누울 수 있는 해먹이 있으면, 평화롭고 조용하게 쉬고 싶다는 뜻을 다른 사람에게 전할 수 있다.

사람들과 어울릴 수 있는 좌석 마련하기
집 밖에 매력적인 앉을 자리가 있으면, 신선한 공기를 마시고 비타민 D를 섭취하면서 더 기꺼이 다른 사람들과 사귈 수 있다.

요하다. 정원이 있는 집이라면, 리모델링할 예산이
있을 때 양쪽으로 여닫는 프렌치 도어를 설치하여
집 안에서 밖으로 이어지는 동선을 더 쉽게 만들어
낼 수 있을 터이다. 아이디어의 요체는 집 밖 공간을
집 안 공간과 똑같이 대하는 것이다. 외부 공간도 매
력적이고 찾고 싶은 곳이 되어야 한다. 정원 공간 만
들기에서 어떤 기회를 발견할 수 있는가? 앉아서 시
간을 보내고 싶어지는 멋진 포인트를 만들어내서
외부 공간을 최대한 활용하자. 야외용 테이블과 의
자도 좋고, 해먹과 흔들의자도 좋고, 작은 쉼터나 독
서 공간을 꾸며도 좋다.

작은 발코니나 테라스가 있다면 의자와 화분 몇

앉아서 시간을 보내고 싶어지는 멋진 포인트를 만들어내자.

개를 거기로 빼서, 소파 대신에 앉을 수 있는 매력적
인 공간을 간단히 만들어낼 수 있다.

외부 공간이 따로 없는 사람이 많은데, 그렇다면
볕바른 오후에 앉아서 지낼 수 있는 멋진 곳을 근처
공원에서 찾아보는 것이 더더욱 중요하다. 집에서
는 열린 창문 옆에 편안한 의자를 두면 쏟아지는 햇
빛과 맑은 공기를 마음껏 누릴 수 있을 것이다.

문밖출입을 막는
장애물 줄이기
프렌치 도어를 설치하면
정원이 더 찾기 쉬운
매력적인 곳으로 다가오고,
문밖출입이
더 쉬워진다.

**낙엽 지는
나무 심기**
여름에 잎이 무성했다가
겨울에 떨구는 나무를
심으면 낮이 짧아졌을 때
더 많은 햇빛을 들일 수
있다.

**햇빛
최대한 누리기**
바닥, 벽, 거울 등의
표면 반사를 이용하면
방 안에 빛을 퍼뜨리는 데
도움이 된다.

 **겨울 햇빛
최대한 이용하기**

겨울이 다가오면 낮이 점점 짧아지고 어두워져서 일주리듬이 무너질 수 있다. 새로운 햇빛 주기에 익숙해질 때까지 약간 피곤한 느낌이 들 수 있고, 낮 시간이 짧아질수록 행복감이 줄어들기도 한다.

수면-각성 사이클이 계절 변화를 따라잡으면서 우리는 그런 피로감에 적응하게 된다. 하지만 어두운 겨울철 동안 이전보다 실내에서 더 많은 시간을 보내게 되면서 좀 더 오랫동안 영향을 미치는 계절성 정서장애(Seasonal Affective Disorder, SAD) 같은 정신 건강 문제에도 대처해야 한다. 햇빛이 부족하면 뇌의 시상하부(일주리듬을 비롯한 주요 기능을 조절하는 작은 부위)가 제대로 작동하지 않게 되어 세로토닌("행복 호르몬") 결핍과 생체 시계 교란이 초래된다고 한다. 미국인 가운데 천만 명이 계절성 정서장애를 앓는 것으로 추정되고, 인구 중 추가로 10~20퍼센트가 그보다는 약하지만 역시 영향을 받는 것으로 보인다. 이로부터 햇빛이 건강과 웰빙에 얼마나 중요하고 우리가 일조량에 얼마나 민감한지가 명확

해진다. 겨울철에 줄어든 일조량을 최대한 활용하는 일의 중요성을 부디 깨달으셨기 바란다.

실내에서 햇빛은 여러 가지 표면과 질감에 의해 다양하게 반사되고 흡수된다. 집 안의 벽과 가구가 어두운 색이라면 빛을 흡수할 터이다. 좀 더 밝은색 표면, 유광 페인트, 매끄러운 타일과 거울을 이용해서 실내 공간에 들어온 빛을 최대한 활용하라. 이들이 방 안 곳곳으로 빛을 반사해서 공간이 더 밝아지고 넓어진 느낌이 들게 해줄 것이다.

겨울에 잎을 떨구고 여름에 잎을 피우는 낙엽 수종을 실외에 심는 것도 가장 필요한 때에 햇빛을 집 안으로 들이는 아주 좋은 방법이다. 햇빛이 아쉽지 않은 여름에는 그늘을 제공하니 금상첨화다.

**햇빛이 부족하면 뇌의 시상하부가
제대로 작동하지 않게 되어,
세로토닌 결핍과 생체 시계 교란이 초래된다고 한다.**

37 눈부심
방지하기

자연광은 역동적이다. 하루 종일 시간에 따라 빛과 그림자의 밀도가 다양하게 바뀐다. 집 안에서도 마찬가지다. 하루 중 특정한 시간에 유난히 볕바른 곳이 있다. 그 햇빛을 받으면 건강과 웰빙에 놀랄 만한 효과가 있지만, 지나치면 해로울 수 있다.

직접 들이치는 햇빛 또는 밝은 표면에서 반사된 빛이 눈부심을 느끼게 할 수 있다. 눈부심은 큰 불편함과 두통을 초래할 수 있고, 심할 경우 시력 손상을 유발한다. 사계절 동안 빛이 어떻게 집 안으로 들어오는지 관찰해서, 눈부심이 어디에서 문제를 일으킬 수 있는지 파악해보자. 만일 문제가 된다면, 다음 아이디어들을 활용해서 자연광으로 인한 눈부심을 완화하거나 예방하라.

> 직접 들이치는 햇빛 또는 밝은 표면에서 반사된 빛은 눈부심을 일으키는데, 불편함과 두통, 심지어 시력 손상까지 초래한다.

눈부심 방지 방법

햇빛 양을 더 잘 조절해주는 블라인드를 창에 설치한다.

거울은 햇빛을 직접 받는 창문에서 떨어진 곳에 건다.

햇빛을 반사하거나 줄여주는 필름을 창문에 붙인다.

밝은 곳에 있는 가구와 비품들에 좀 더 어둡고 빛을 더 많이 흡수하는 페인트를 칠한다.

투명한 온실 지붕을 천창이 달린 단열 지붕으로 바꾼다.

유리 상판이 있는 탁자처럼 표면에서 빛을 반사하는 가구의 위치를 옮긴다.

창에 얇은 천이나 커튼을 친다.

온실 지붕이나 천창에 채광 조절이 가능한 블라인드를 설치한다.

1000K   2000K   3000K   4000K   5000K   6000K   7000K   8000K   9000K   10,000K

차가운 색, 따뜻한 색

차가운 백색 전구(4000K 이상)는 밝고 자극적이다. 따뜻한 백색(약 3000K)은 아늑한 느낌을 준다. 촛불은 1900K 정도이다.

38 인공광 제대로 세팅하기

일단 자연광을 개선하기 위한 일을 다 했다면, 이제 인공광을 손보자. 인공조명의 양과 질이 적절하면 집 안을 돌아다니거나 일을 할 때 도움이 된다. 수면-각성 사이클이 유지되어 활동을 더 잘할 수 있고, 공간과 그 안에 있는 사람들과 더 깊게 연결되어 기분도 좋아진다.

우리는 오랫동안 빛을 따뜻한 황색 텅스텐 전구에서 나오는, 와트(watt)로 밝기(조도)를 나타내는 것이라고 이해해왔다. 기술이 발전하면서 에너지 효율이 더 높고 더 밝고 더 오래가는 전구가 생겨났고, 그 밝기는 럭스(lux)나 루멘(lumen)으로 나타낸다.

켈빈온도(K)로 표시되는 색온도도 고려해야 한다. 켈빈온도는 색 스펙트럼 선상에서 빛의 색을 표시한 것으로, 우리 몸의 신체 반응에 영향을 준다.

여러 기능을 품고 있는 우리의 집에는 변화하는 시간대에 따른 분위기와 작업에 맞추어 다양한 조명이 필요하다. 집 안의 모든 공간은 다양한 조명 선택지를 갖추어서 여러 욕구에 부응할 수 있어야 한다. 다음은 필수 선택지들이다.

• **일반 조명** 방 전체에 빛을 내보내는 조명. 밝기 조절이 가능한 조광기가 있어서 활동 시간대에는 밝게 하고 늦은 시간에는 어둑하게 조절할 수도 있다.

• **작업 조명** 특정한 작업 공간 위쪽이나 옆에 설치한 사이드 램프, 스탠드 조명, 스포트라이트 따위.

• **무드 조명 또는 악센트 조명** 손님맞이나 휴식을 위한 조명.

각각의 공간에서 이루어지는 각각의 활동을 위해 어떤 느낌과 강도의 빛을 원하는지를 고려해서 그에 맞는 조명을 선택해야 한다. 조광기가 딸린 조명 장치는 유연한 선택이 가능해서 상황에 대한 통제력을 키우고 다양한 욕구를 충족할 수 있다. 색 조절까지 가능하다면 더욱 그럴 터이다.

집 안의 모든 공간은 다양한 조명 선택지를 갖추어서 여러 욕구에 부응할 수 있어야 한다.

39 | 일주리듬에 조명 맞추기

일주리듬(p.70 참조)에 관한 절에서 알아본 바에 따르면, 실내조명을 바깥의 자연광에 가깝게 유지하는 것이 몸과 마음의 건강에 중요하다. 시간의 흐름에 최대한 맞추어서 집 안 조명의 색깔을 바꾸면 그럴 수 있다.

일주리듬에 맞춘 조명은 기본적으로 '일출에서 일몰까지' 사이클을 따른다. 아침에는 더 밝고 청색 쪽에 더 가깝고(청색광은 우리를 각성시킨다), 저녁에는 황혼 빛에 가까운 더 따뜻한 오렌지색 빛을 써서 수면을 촉진한다. 일주리듬 조명이라는 말이 낯설어 복잡하다고 느낄지도 모르겠지만, 쉽게 구현할 수 있는 방법이 많이 있다.

제일 간단한 방법은 취침 전 저녁 시간에 쉴 때 아주 따뜻한 흰색(오렌지 빛) 엘이디(LED) 스트링 전구를 쓰는 것이다.

위쪽이나 옆쪽 조명 장치에 일주리듬 조명 전구를 쓰면 기존 조명 스위치로 빛 색깔

을 다양하게 바꿀 수 있다.(스위치를 누르는 횟수로 색을 조절한다.)

리모컨이 딸려 있어 편리하게 색을 바꿀 수 있는 엘이디 조명 띠나 전구를 사용하라.(DIY 제품점이나 온라인 상점에서 쉽게 구할 수 있다.)

탁자 위나 방 한구석에 놓을 수 있는, 색 바꾸기가 가능한 스탠드 조명 제품을 구입해보라.

아침에는 빛 색깔을 바꿔 부드럽게 깨워주고, 취침 시간에는 더 따뜻한 톤의 은은한 빛으로 휴식을 돕는 기상등 알람시계를 사용하라.

실내조명을 바깥의 자연광에 가깝게 유지하는 것이 몸과 마음의 건강에 중요하다.

가구 위치

창밖 풍경이 최대한 잘 보이도록, 또 석양이나 이른 아침 햇빛을 누릴 수 있도록 가구를 배치하라.

일반 조명
밝기를 '더 어둡게'로
맞추어서 눈부심을 줄이고
공간 분위기를 부드럽게
한다.

은은한 침대등
빛 색깔을 조절할 수 있는
침대등을 설치해서 '은은한
오렌지색'으로 세팅하면
수면의 질을 높일 수
있다.

실외 조명
정원에 장식용 전구 같은 조명을 추가로 설치하면 신비한 분위기를 연출할 수 있다.

40 | 마법의 터치 더하기

마지막으로, 화룡점정 격인 몇 가지 특별한 터치를 더하면 완벽하고 매력적인 느낌을 주는 공간을 만들어내고 신비감을 더할 수 있다.

소파나 침대 뒤, 벽난로 주위에 장식용 꼬마전구들을 설치해보라. 아니면 오렌지색 유리병 안에 그것들을 넣어서 밤에 따뜻하고 아늑한 빛을 내게 해보라. 정원의 나무나 수풀에 장식용 꼬마전구들을 달면 틀림없이 다들 좋아할 것이다.

집 안팎의 난로나 화로에서 나오는 불빛, 빛을 사방으로 던지는 회전등, 특정한 모양을 잘라내서 그림자나 패턴을 벽과 천장에 투사하게 만든 컷아웃(cut-out) 전등갓도 활용해보자. 프로젝터로 원하는 색과 패턴의 빛을 허공이나 벽에 쏠 수도 있겠다. 디스코볼을 걸어서 하루 중 일정한 시간 동안 빛을 받게 하거나, 무지개등이나 홀로그램 유리 필름을 창

> **하단 조명**
> 걷다가 무언가에 걸려서
> 넘어질 위험을 줄여주고,
> 다층 구조를 조성하는
> 기회를 제공한다.

디스코볼이나 무지개등은
태양의 위치와 운동에 따라 환상적으로
바뀌는 빛을 방 안에 반사해준다.

컷아웃 전등갓을 맞춤한 유리 전구와 함께 쓰면
벽과 천장에 그림자를 드리울 수 있다.

병 안에 담긴 꼬마전구들이 매혹적이고 따뜻하고
아늑한 빛을 더해준다.

에 붙여보라.

이런 움직임이 있는 조명 장치들은 역동적이고 회복에 도움이 되는 비정형 감각 자극(NRSS, p.43 참조)을 보통의 고정 조명보다 더 많이 제공할 수 있다.

예산이 있다면 별이 반짝이는 밤하늘을 연상시키는, 작은 엘이디 전구들로 된 천장등도 마련할 수 있을 터이다. 창문 없는 방에는 돈을 좀 들여서 엘이디 가상 천창과 조명 패널을 설치해서 마치 파란 하늘이 보이는 창문이 있는 것 같은 환상을 불러일으킬 수 있을 것이다. 그것을 구현해줄 정교한 시스템이 많이 있으니, 한번 살펴보라. 지금까지 소개한 몇 가지 마법의 수단들을 홈 디자인에 활용하면 신비감과 웰빙을 향상시킬 수 있을 것이다.

수면

최근 들어 개운하게 하루를 시작할 준비가 된 상태로 깨어났던 때가 언제인가? 혹시 기억이 안 나더라도, 당신만 그런 게 아니다. 최신 연구들에 따르면, 성인 중 3분의 2가 밤에 여덟 시간을 채 못 잔다고 한다. 수면은 몸의 기력을 충전하고 일주리듬을 조절하는 데 정말로 중요하다. 수면이 부족하면 긍정적 감정들에 대한 뇌의 수용성이 떨어지고, 에너지 수준이 급격하게 감소하며, 면역 체계가 손상된다. 디자인이 잘된 집은 숙면을 촉진해서 새로운 하루에 잘 대비할 수 있게 해준다.

41 아늑한 침실 공간 만들기

침실은 일에서 물러나 쉬고 기력을 회복할 수 있는 공간이 되어야 한다. 어떻게 하면 상쾌하게 깨어나 새로운 하루를 맞이할 수 있을까? 이제 잠들 시간이라는 것을 우리 뇌에 상기시키는 데 도움이 될 몇 가지 디자인 기법을 소개한다.

우리는 건축 환경의 80퍼센트를 눈으로 파악한다. 따라서 침실이 어떤 시각 자극을 주는지를 잘 아는 것이 중요하다. 차분하고 톤이 비슷한 색들로 꾸며 눈이 한 색에서 다른 색으로 옮겨갈 때 위화감 없이 편안해야 한다. 동굴처럼 아늑한 느낌을 자아내고 싶다면(p.23 참조), 다른 데보다 어두운 색들을 쓰는 것이 침실에는 알맞을 수 있다. 패턴들을 이용하려면 긴장 해소 효과가 입증된, 다시 말해 자연에서 영감을 얻은 부드러운 것이어야 한다.

가구 배치에서는 침대를 최우선으로 삼아 초점을 형성하고 방이 마음을 차분히 가라앉히는 효과를 내도록 해야 한다. 거기에 장의자, 창가 의자나 안락의자로 변화를 주면 대화를 북돋우고, 다른 휴식 방법에 대한 선택지도 늘어난다. 부드럽고 매력적인 천으로 베갯잇, 쿠션 보, 침대와 가구 보를 하면 어서 와서 쉬라고 손짓하는 멋진 공간을

연출할 수 있다.

촉감은 감정과 밀접하게 연결된다. 자연 소재들은 믿을 만하고 몸에 좋을 것 같다는 느낌을 주고, 포근하다는 감각을 일깨운다. 두툼한 모직 담요는 어린이에게 안전하게 보호받고 있다는 느낌을 전한다. 보풀보풀한 카펫은 편안하고 보드랍게 느껴진다. 침대로 오가는 길이 푹신하고 따뜻해지게 직물 러그를 깔아보라.

침실용 가구와 커튼을 고를 때에는 질감과 느낌에 초점을 맞추라. 눈을 감고 손으로 겉을 쓸어보면서 침실 공간에 적합한지 아닌지 판단하자.

마지막 조언은 자연 속에서 보낸 행복한 시간들을 떠올리게 하는 물건들로 주변을 채우라는 것이다. 예컨대 조가비 모음, 솔방울을 담은 그릇, 바닷가에서 발견한 유목으로 만든 액자 같은 것들로.

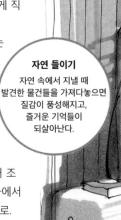

자연 들이기
자연 속에서 지낼 때 발견한 물건들을 가져다놓으면 질감이 풍성해지고, 즐거운 기억들이 되살아난다.

차분하고 톤이 비슷한 색들로 꾸며 눈이 한 색에서 다른 색으로 옮겨갈 때 편안해야 한다.

침실용 의자 마련하기
안락의자를 침실에 두면 침대 대신에 앉아서 쉴 공간을 만들어낼 수 있다.

배색 계획 세우기
침실에 차분하고 톤이 비슷한 색들을 쓰면 눈이 편안해진다.

42 | 어둠 확보하기

여름철에는 햇빛이 우리가 바라는 것보다 훨씬 일찍부터 침실에 비쳐 들곤 한다. 그러면 24시간 주기 생체시계가 교란되어 어질어질하거나 피로해질 수 있다.

우리 몸은 어둠을 휴식과, 빛을 각성과 짝짓도록 프로그램되어 있다. 갑작스러운 밝은 빛은 뇌에 신호를 보내 다시 잠들기 어렵게 만드는 호르몬을 분비시킨다. 밤에는 침실을 확실히 어둡게 해야 수면의 질을 개선하고 편안히 쉴 수 있다. 너무 많은 빛이 침실에 들어오는 것을 막는 몇 가지 방법을 소개한다.

우선 침실을 재빨리 살펴서 원치 않는 빛이 방 안으로 스며들고 있는지 파악한다. 최고의 원흉은 아마 가로등, 보안등, 현관등, 알람시계와 충전기 불빛일 터이다. 무엇보다 빛의 원천이 되는 창문에는 고품질 암막 커튼을 설치하자. 커튼은 원치 않는 눈부신 빛을 차단할 뿐 아니라 침실로 스며드는 외부 소음을 줄여주기도 한다. 우드셔터와 블라인드도 원치 않는 빛을 차단하는 데 도움이 되도록 고안된 시설물들이다. 이들은 필요에 따라 조절이 가능해, 원할 때에는 완전히 접어 올려서 빛을 안으로 들일 수 있다.

혹시 밤늦도록 깨어 있는 다른 가구 구성원이 있어서 방문 아래로 빛이 새어 들어온다면, 틈막이 제품으로 틈새를 막아보자.

**우리 몸은 어둠을 휴식과,
빛을 각성과 짝짓도록
프로그램되어 있다.**

침실의 어둠 확보하기

당신이 잠자리에 든 뒤에도 깨어 있는 가구 구성원이 있어 집 안 다른 곳의 빛이 침실로 새어 든다면, 틈막이 제품을 이용해 문 아래쪽 틈새를 막는다.

암막 커튼을 치면 원치 않는 빛이 침실로 들어오는 것을 막을 수 있다.

자연스럽게 깨어나고 싶을 때, 우드셔터를 이용하면 아침에 침실에 들어오는 빛의 양을 적절하게 조절할 수 있다.

# 잡동사니 줄이기

정리정돈되어 있는 방에서 밤에 더 푹 잘 수 있다는 사실을 아는가? 한 연구에 따르면, 집이 어수선하다고 답한 여성이 코르티솔(스트레스 호르몬) 수준이 더 높으며, 밤에 '휴식 모드'로 전환하기가 더 어렵다고 한다. 정리 안 된 곳에서 지내면 할 일들이 자꾸 눈에 띄기 때문에 정신이 활동을 계속하게 된다. 방에 있는 잡동사니를 정리하는 몇 가지 요령을 소개한다.

먼저, 업무 활동과 관련된 노트북 컴퓨터나 문서나 메모 따위를 침실에서 모두 치우자. 이 물건들은 일을 떠올리게 하는 시각적 단서들로서 정신이 계속 작동하게 만든다. 긴장을 풀어주는 예술품을 침실에 두고, 강렬하고 복잡한 장면을 담은 작품들은 모두 치우라. 우리 뇌는 기회만 있으면 사물에 대해 궁리하고 분석하는 경향이 있지만, 느슨한 집중이 가능한 차분하고 추상적인 이미지는 느긋하게 이 생각 저 생각 할 수 있게 해준다.

침대 밑 수납함도 눈에 띄는 잡동사니를 줄이는 멋진 수단이다. 옷걸이 봉이나 개방형 선반보다는

서랍 딸린 옷장이 옷 정리에 더 나은 것과 마찬가지 이치다. 엄선한 아끼는 옷들을 디스플레이하고 싶다면, 색상 조화에 신경을 쓰고 같은 옷걸이들을 써서 리듬감을 자아내라. 입지 않는 옷들은 이따금 재활용 가게에 기증해서, 빈 공간도 확보하고 옷들이 새 주인을 찾을 수 있게 하자.

**정리 안 된 곳에서 지내면
할 일들이 자꾸 눈에 띄기 때문에
정신이 활동을 계속하게 된다.**

수납공간 극대화하기
침대 밑 수납함은 눈에 띄는
잡동사니를 줄이는
멋진 수단이다.

44 좋은 매트리스 고르기

질 좋은 매트리스는 쉬는 동안 몸을 잘 떠받쳐주고, 만성 요통 같은 심각한 건강 문제를 피할 수 있게 해준다. 매트리스는 크기, 재질, 제조 방법이 다양하다. 가장 인기 있는 유형들의 장단점을 알아본다.

오픈 스프링

포켓 스프링

메모리 폼

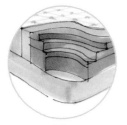

라텍스

• **오픈 스프링 매트리스** 금속 코일을 고리 모양으로 감아 만든 스프링들로 이루어져 있다. 외곽 코일이 모양을 지탱해준다. 아주 실용적이지만, 다른 유형의 매트리스보다 지지력이 많이 떨어지고 더 자주 교체해주어야 한다. 사용 빈도가 적은 손님용 침실에 쓰는 것을 고려해보라.

• **포켓 스프링 매트리스** 스프링 하나하나가 직물 포켓에 들어 있어 지지력이 더 좋다. 각각의 스프링들이 서로 다른 몸무게가 가하는 압력을 분산시켜주기 때문에, 한 침대를 같이 쓰는 커플에게 적합하다.

오픈 스프링과 포켓 스프링 매트리스 둘 다 라텍스나 메모리 폼 매트리스보다 통기성이 좋다. 다만 흔히 그렇듯 양모 같은 소재로 채워져 있을 경우, 먼지가 많이 낄 수 있다. 알레르기가 있든 없든, 반드시 정기적으로 진공청소기를 이용해 먼지를 제거해주어야 한다.

• **메모리 폼 매트리스** 온도와 무게에 대응하는 소재로 만든다. 따라서 아픈 관절과 근육에 가해지는 압력을 덜어주기 때문에, 허리가 안 좋을 때 쓰기에 편안하고 이상적이다. 꽤 무겁고 덥다는 느낌을 줄 수도 있어서, 여름에는 불편해하는 사람도 더러 있다. 하지만 저자극성 소재로 만들기 때문에, 알레르기로 고통 받는 사람에게 딱 좋다.

• **라텍스 매트리스** 몸을 잘 받쳐주는 매트리스를 선호하는 사람에게 이상적이지만, 밤에는 더울 수 있다. 라텍스는 고무나무 수액으로 만든 천연 소재인데, 탄력성과 통기성이 아주 좋고, 곰팡이와 집먼지진드기에 대한 저항력도 뛰어나다. 변형이 잘 안 되고, 등뼈들이 자연스럽게 제자리를 잡도록 돕는다.

매트리스가 도착하면, 환기가 잘되는 곳에서 몇 시간 공기를 쏘여서 독성 물질을 완전히 배출하게 하자.

**수면을
돕는 나무 침대**
오스트레일리아에서
수행된 한 연구에 따르면,
소나무 침대에서 잤을 때
심장 박동 수가 하루에
3,500회 줄어든다고
한다.

45 | 나무 침대 고르기

이미 살펴보았듯이, 인간은 목재에 본능적으로 마음이 끌린다.(p.32 참조) 목재가 그 존재만으로도 마음을 편안하고 차분하게 한다는 사실을 우리는 안다. 목재 침대 틀을 장만하면 밤에 숙면을 취하는 데에도 도움이 될 터이다.

건강에 이로운 것은 둘째 치고, 나무 침대는 아름답고 기능 면에서도 장점이 많다. 우선, 목재 가구는 실내 공기의 질을 조절하는 데 도움이 된다. 목재는 습한 환경에서는 습기를 흡수하고, 건조한 환경에서는 습기를 방출해서 습도를 균형 잡힌 상태로 유지해준다.

공기 질 면에서 보면, 나무 침대는 직물 머리판이 달린 침대보다 닦거나 청소하기 편하다. 직물 머리판에는 먼지가 끼기 쉽고, 먼지가 끼면 집먼지진드기가 꼬인다. 목재 침대는 튼튼하고 삐걱거림이 덜해서 얕은 잠을 자는 사람에게 환영받을 만하다. 아침에 커피 한잔 마실 때나 잠들기 전 책을 읽을 때 그 튼튼한 머리판에 편안하게 기댈 수 있으니, 기능적으로도 인체공학적으로도 우수하다. 차가운 금속 폴대 사이로 베개가 자꾸 빠져나가서 곤란할 일은 없다.

잘 만든 목재 침대는 평생의 반려가 될 수 있다. 그런 의미에서 환경친화적인 선택지이다. 단, 지속 가능한 방식으로 생산되었는지, 삼림관리협회(FSC) 인증을 받은 목재인지는 반드시 확인하자.

또, 침대 틀에 독소를 내는 유해한 '가스 배출(off-gassing)' 물질이 혹시 포함되어 있지는 않은지도 체크해보는 게 좋겠다.(추가 정보는 p.155 참조)

머리맡 조명
일주리듬에 맞춰
자연스럽게 깨어나는 데에는
기상등 알람시계가
도움이 된다.

46 │ 침실 조명
선택하기

일주리듬의 중요성(p.70 참조)을 이야기했으니, 침실 조명을 선택할 때도 주의를 기울이자. 조명 선택이 적절하면 더 쉽게 잠들고 더 상쾌한 기분으로 깨어날 수 있을 것이다.

먼저, 잠의 세계에서 편안히 항해하려면 침실 안의 전자기기들을 모두 치워야 한다. 현대 세계는 갈수록 디지털화하고, 잠들기 전에 각종 스크린에 노출되는 시간도 점점 늘어난다. 스크린에서 나오는 짧은 파장의 청색광은 수면을 유도하는 호르몬인 멜라토닌 분비를 억제한다. 그런 억제 효과가 없는 적색광과 대조적이다.

꼭 방 안에 휴대폰을 두어야 한다면, 저녁에는 야간 모드를 이용하자. 사람들이 자기 전에 흔히 습관적으로 하는 일이 독서인데, 전자책 리더기를 이용

어둠 유지하기

여름철에는 암막 블라인드와 커튼을 이용해서 침실로 드는 햇빛을 최소화하라.

한다면 웜 라이트로 설정해두자.

다음으로, 빛의 밝기와 색깔 조절이 가능한 독서등과 침대등을 장만해서 잠자기 전에 더 따뜻하고 희뿌연 색으로 세팅해두라. 천장 중앙에 달린, 빛을 다양하게 조절하는 기능이 없는 펜던트 조명에만 의지하지 말자.

바깥의 햇빛을 반영해 빛 색깔을 바꾸는, 일주성 조명을 내장한 시계를 이용할 수도 있다. 이 시계를 쓰면 스르르 잠들었다가 자연광 느낌이 드는 빛을 받으며 깨어날 수 있다. 적극 추천하는 바이다.

마지막으로, 침대까지의 동선과 그 이동 경로에서 경험하는 빛의 강도를 점검하라. 만일 침실에 욕

빛의 밝기와 색깔 조절이 가능한 독서등과 침대등을 장만하자.

실이 딸려 있다면, 가구에 앰비언트 조명을 설치하는 것을 고려해보라. 화장대 아래나 거울 뒤쪽에 엘이디 조명을 띠 형태로 설치할 수 있는데, 여기서 나오는 따뜻한 빛에 자극을 받아 자다가(한밤중에!) 깨어나는 일은 없을 것이다.

**특색 있는 벽지
시도하기**
자연 풍경을 담은 벽지는
밝고 쾌활한 분위기를 낸다.
패턴 벽지는 분위기를
무겁게 만들 수 있다.

**장난감 수납장
마련하기**
방이 어질러지지 않게
해주고, 잠잘 시간에
장난감들에 눈이 가
산만해지는 것을
막아준다.

건강한 아이 방 꾸미기

아이 성장에 발맞추어 진화할 수 있는 침실을 디자인하려면 계획을 꼼꼼히 세울 필요가 있다. 잠잘 공간을 마련하는 것 외에, 아이들이 놀고 서로 사귀고 학습하는 데 쓸 공간도 확보해야 한다. 아이가 성장하는 동안 아이 욕구에 부응할 수 있는 방을 만드는 간단한 디자인 해법들을 소개한다.

아이에겐 창의성을 발휘할 공간, 세상을 경험할 공간이 필요하고, 남의 눈에 띄지 않고 혼자 지낼 수 있는 곳도 필요하다. 아이들의 창작 활동을 견뎌낼 만한 질기고 낙서 따위가 잘 지워지는 마감재를 고르는 것과 더불어, 방 한구석에 마법의 오두막 또는 은신처를 세우는 것도 고려해보라. 꼬마전구 같은 앰비언트 조명을 갖춘, 실내용 팝업 텐트가 그런 역할을 할 수도 있겠다.

장난감을 치울 때에는 시스템 수납장이 공간을 정리정돈하고 활용도를 높이는 데 최고다. 공간에 여유가 별로 없다면, 위에 방석을 얹어서 의자로도 쓸 수 있는 체스트 서랍장 같은 것을 들이자. 닫힌 수납장에는 자주 쓰지 않는 물건들을 넣어두고, 열린 수납공간에는 좋아하는 장난감이나 아끼는 물건들을 보관하면 좋다. 가변형 선반도 훌륭한 선택지이다. 예전에 쓰던 장난감들을 보관할 수도 있고, 책꽂이로 쓰거나 사진 액자를 올려놓을 수도 있다.

덧창문, 두꺼운 커튼, 암막 블라인드는 방해받지 않고 푹 자는 데 도움이 될 뿐 아니라 재미있는 질감과 색을 방 안에 들일 좋은 기회다. 부드럽고 두툼한 담요는 질감을 더해주고, 아이에게 보호받는 느낌을 제공하며, 더 오래 잘 수 있게 돕는다.

벽지와 페인트의 색은 방에 개성과 특색을 더해줄 수 있다. 아이 방다운 재미있고 유머러스한 벽지가 때로는 너무 요란하고 정신없다는 인상을 줄 수도 있다. 벽지를 쓴다면 특정한 한 면에만 바르거나, 톤이 중립적인 대신 촉감을 자극하는 것으로 골라보라. 차분하고 중립적인 색들을 서로 어울리게 배치하면 아이가 긴장을 푸는 데 도움이 될 뿐 아니라 쉽게 유행을 타지도 않을 것이다. 페인트는 휘발성 유기화합물을 전혀 배출하지 않거나 극소량만 배출하는 것으로 하자. 실내 공기의 질을 떨어뜨리지 않는 이 페인트들을 고르는 것이 건강을 위한 최선의 선택이다.

아이 방다운 재미있고 유머러스한 벽지가 때로는 너무 요란하고 정신없다는 인상을 줄 수도 있다.

 실내 온도 조절하기

밤에 실내 온도를 알맞게 유지해야 푹 잘 수 있다. 놀랍게도, 숙면을 취하기에 가장 적합한 온도는 깨어 있을 때의 적정 온도와 다르다. 낮 동안의 적절한 실내 온도는 섭씨 20도쯤인 반면, 밤 시간대의 이상적인 온도는 대략 섭씨 18도이다.

우리 몸은 밤에 더 빨리 과열될 수 있다. 그래서 난방기를 계속 튼 채로 잠들면 숙면을 취하지 못하고 뒤척이게 될 수도 있다. 과학자들에 따르면, 수면 시간 중 실내 온도를 적정 온도보다 높게 유지하는 탓에 잠을 설치고 불면증에 시달리는 사람들이 적지 않다고 한다.

우선, 자동 온도 조절 라디에이터 밸브(p.139 참조)를 설치해서 침실 온도를 더 정확하게 조절하자. 이 밸브는 실내 온도를 감지해서 희망 온도에 도달하면 뜨거운 물의 흐름을 조절해 온도가 너무 높아지지 않도록 해주니, 침실에 딱 맞는 장치가 아닐 수 없다.

둘째로, 체온 조절 기능이 있는 양모 이불 같은 침구를 사용해보라. 같이 자는 사람끼리 쾌적하다고 느끼는 온도가 다를 때 특히 좋다. 양모는 통기성이 좋고 자동 조절 기능이 있어서 우리가 바라는 대로 몸을 시원하거나 따뜻하게 해준다. 게다가 모세관 작용을 통해 습기를 빨아들이므로, 자다가 더워서 흘린 땀을 흡수해준다. 이 전통 기술은 지금까지 외투에 주로 적용되었지만, 이제는 침실로 영역을 확장하고 있다.

마지막으로, 여름밤에 열기를 식히려고 흔히 그러듯이 선풍기를 이용하는 방법이 있다. 충분히 납득이 가는 방법이다. 다만, 저소음 인증 마크(Quiet Mark, p.109 참조)를 받은 것을 선택하라. 그래야 선풍기 기계음이 수면을 방해하지 않는다.

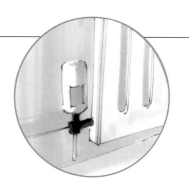

자동 온도 조절 라디에이터 밸브는 실내 온도를 감지해서 라디에이터로 가는 뜨거운 물의 흐름을 적절하게 조절해준다.

양모는 통기성이 좋은 이불·담요 소재로, 밤에 우리 몸의 습기를 흡수해준다.

저소음 인증 마크를 받은 선풍기를 쓰면 더운 여름밤에 잠을 설치지 않을 수 있다.

창문 커버
건자재나 가구나 바닥이 열기를 흡수하지 못하도록 여름 동안에 쳐놓았다가 철이 바뀌면 걷는다.

 49 | 잠들기를 돕는 습관 들이기

긴 하루를 보낸 뒤, 밤에 휴식 모드로 전환하기가 어려울 수 있다. 많은 사람이 수면 장애와 씨름한다는 것은 익히 아는 바 아닌가. 긴장을 풀고 편안히 잠드는 데 도움이 될, 규칙적인 습관을 들이자.

제일 먼저 할 일은 잠자리에 들기 적어도 한 시간 전에는 이런저런 화면 들여다보기를 피하는 것이다. 그 대신에 침대 협탁에 책이나 잡지를 놓아두자. 잠자리에 들기 전에 그날 있었던 일, 내일의 할 일 목록, 또는 마음속에 떠오르는 이런저런 걱정거리를 적어두면 마음을 비우고 다음 날 아침까지 그 일들을 잊을 수 있다. 발레리안 뿌리, 라벤더, 캐모마일 같은 허브 차를 좋아하는 머그잔에 담아 마시면서 기록을 하면 마음이 더욱 차분해질 터이다.

묵직한 담요를 덮으면 안전감과 평정심이 증진되어 마음이 더 편안해진다. 모든 사람이 그런 건 아니지만, 담요가 가하는 압력이 이완 호르몬인 세로토닌의 분비를 촉진해서 더 빨리 잠들고 더 질 좋은 휴식을 취할 수 있다.

마음을 진정시키는 호흡법을 연습하는 방법도 있다. 마음챙김 또는 명상 앱을 이용하면 연습 과정을 안내받을 수 있다. 그러려면 휴대폰이나 태블릿피시 화면을 얼마간 들여다보아야 하겠지만, 이 경우에는 이점이 단점을 훨씬 능가한다.

자연의 소리를 듣고 자연의 향기를 맡는 것도 수면을 촉진하는 습관이 될 수 있다.(p.113, p.158 참조) 그리고 가능하다면 매일 밤 같은 시간에 잠자리에 들려고 노력하자. 그러면 생체 시계가 언제 스위치를 끄고 휴식을 취해야 하는지를 알게 될 테니까.

> **묵직한 담요 이용하기**
> 세로토닌과 수면 호르몬인 멜라토닌의 분비를 촉진하는 한편, 코르티솔 분비는 억제하는 효과가 입증되었다.

잠들기 전에 그날 있었던 일이나 내일 할 일 목록을 적어두면 마음을 비우는 데 도움이 된다.

일기 쓰기
잠들기 전에 떠오르는
생각들을 기록해서 마음을
비울 수 있도록,
손 닿는 곳에
노트를 두자.

소리

청각은 우리가 생각하는 것보다 훨씬 더 웰빙에
중요하다. 먼 옛날, 청각은 포식자의 접근과 사냥감의
위치를 알아차리는 데 도움이 되었다. 또, 공간지각과
의사소통에도 필수적이었다. 오늘날, 소리 경관
(acoustic landscape)은 건물과 도로에서 반사되는
기계음들에 점령당하기 일쑤고, 소음 공해가 수면을
방해하고 고혈압을 유발하고 집중력과 신체 기능을
떨어뜨리고 있다. 따라서 집 안의 소리 환경을
개선하는 방법을 연구할 필요가 있다는 것은 너무도
분명하다.

50 | 소리냐
침묵이냐

어느 쪽이 웰빙에 최선인가? 소리인가, 침묵인가? 답은 누구에게 묻느냐에 따라 다르다. 사람마다 청각 문턱값(역치)이 다르기 때문이다. 이것은 사람마다 다른 소리 수준을 요구한다는 것을 뜻한다. 또한, 소리 수준이 안 맞으면 자극이 너무 약하거나 너무 세다고 느껴서 스트레스 수준에 영향을 받는다는 것을 뜻한다.

문턱값이 서로 다른 사람들이 한집에서 살다보니 문제가 복잡해진다. 누군가가 소음을 내면서도 그것이 듣는 사람에게 영향을 미친다는 것을 깨닫지 못해서 좌절했던 경험이 한번쯤 있을 터이다. 따라서 누가 소리에 민감하고 누가 온갖 소음에도 끄떡없는지를 파악할 필요가 있다. 놀라지 마시라. 외향

**청각 문턱값
고려하기**
이곳은 사람들을 사귀고,
음악을 즐기고, 바깥의
소음을 기꺼이 받아들이는
활기찬 장소이다.

적이고 사교적인 사람이라고 꼭 소음에 끄떡없는
것은 아니다. 외향적인 사람도 활기차고 시끄러운
공간에서 기진맥진할 수 있고, 그러면 하루 중 조용
한 시간을 내서 에너지와 집중력을 회복할 필요가
있다. 그 반면에, 혼자 있는 시간에조차 침묵을 못
견디고 배경 소음을 갈망하는 사람도 있다.

그런 차이가 존재한다는 사실을 인식하고, 각 구
성원의 청각 문턱값을 파악해서 각자에게 맞는 소
리 환경을 만들어내는 것이 해결책이다. 이어지는
절들에서 어떤 점들을 눈여겨보아야 하는지(또는 어
떤 점에 귀 기울여야 하는지) 알아보자.

**누가 소리에 민감하고
누가 온갖 소음에도 끄떡없는지를
파악할 필요가 있다.**

**조용한
공간 만들기**
공유 주택에서는
프라이버시와 안식이 보장되는
독립된 공간들을 만드는 것이
관건이다. 이때 방음문과
방음벽 설치를
고려해보라.

**집중 방해 요소
차단하기**
주의 집중과 창의력 발휘를
위해, 조용하고 방음이 되는
공간도 필요할 수 있다.

소음 줄이기
방음 패널을 벽에 덧대면
소리의 잔향 시간을
줄일 수 있다.

식물 이용하기
녹색 벽은 소리를
흡수하고, 이웃집이나
옆방에서 전해지는 소음을
줄여준다.

51 | 밖에서 들어오는 소음 줄이기

소음에 대한 불만은 지난 10년 동안 증가해왔다. 약 8,000만 명의 유럽인들이 참을 수 없는 수준의 도시 소음 공해에 시달리고 있으며, 그중 40퍼센트는 밤에 55데시벨 이상의 소음에 노출되고 있다. 이는 혈압을 올리고 심장 질환 비율을 높이기에 충분한 수준이다.

시끄러운 소음에 지속적으로 노출되면 심리적·신체적 스트레스가 유발된다. 집은 우리에게 기운을 회복하고 충분한 휴식을 제공하는 평화로운 안식처여야 한다. 휴식과 숙면을 가로막는 소음의 피해를 줄이고 원치 않는 소음을 차단하는 몇 가지 방법을 살펴보자.

방음은 복잡한 작업일 수 있으니까, 기본으로 돌아가서 소음이 어떻게 집 안으로 흘러드는지부터 알아보자. 간단히 말하면, 소음은 어떤 것이 진동할 때 발생하는 에너지이다. 이 에너지는 음파를 통해 이동하면서, 이동 경로 안에 있는 사물을 같은 주파수로 진동하게 만든다. 어떤 사물은 다른 것보다 소음을 줄이는데, 이로부터 그냥 창문만 닫아서는 왜 집 밖 도로의 소음이 차단되지 않는지 알 수 있다. 방음이란 음파의 경로 안에 진동을 줄이는 장애물을 설치해서 소음을 완화시키는 과정이다. 장애물이 충분히 많으면 소리가 들리지 않게 된다.

먼저, 천장과 벽에 있는 금 간 곳이나 구멍들을 수리하자. 특히 환기구나 창틀 주위를 꼼꼼히 살펴야 한다. 문들이 아귀가 꼭 맞는지 점검하고 필요하다면 p.137에 나오는 외풍 방지 제품을 써보라. 그러면 작은 틈새로 소음이 새어 들어오는 것을 막고 에너지 낭비를 줄일 수도 있다.

비용이 꽤 들겠지만, 창문을 이중 또는 삼중 판유리 창으로 바꾸면 소리가 스며드는 것을 획기적으로 줄일 수 있다. 아니면, 발포 단열재나 섬유 단열재처럼 소리를 흡수하는 소재를 구조물에 덧대서 보온도 하고 소음 전파를 줄일 수도 있겠다. 경험 많은 전문가들에게 작업을 맡기면 확실하게 시공해줄 것이다.

셋집에 살거나 예산이 빠듯한 경우에는 두꺼운 깔개를 마룻바닥에 깔거나, 중고 커튼을 구해 틈새가 있는 창문에 치는 방법을 추천한다. 한쪽 옆집이 시끄럽다면, 침실과 작업실을 가능한 한 이웃에 인접한 벽에서 먼 쪽에 배치해보자. 그럴 수 없다면, 가구 자리를 바꿔서 전면 책장을 그쪽 벽에 배치하면 시끄러운 이웃이 내는 소음을 흡수하는 데 도움이 될 것이다.

> **소음과 가정생활**
> 영국에서 2,000명을 대상으로 실시한 한 조사에 따르면 응답자의 70퍼센트가 소음이 가정생활에 영향을 준다고 생각하는 것으로 나타났다. 절반 이상은 소음 때문에 문이나 창문을 열기가 꺼려진다고 답했다. 또, 소음이 수면을 방해하면 건강에 부정적인 영향을 미친다는 점도 밝혀졌다.

**목재로
소음 완화하기**

결이 있는 목재 표면은
음파를 산란시키고
메아리를 제거해서
소음을 완화시킨다.

**실내 식물
활용하기**

크고 잎 많은 식물들은
집 안 소음을 줄이는 데
도움이 된다.

52 | 떠들썩한 소리와 조용한 소리 균형 잡기

집 안에서 발생하는 소음도 문제다. 과도한 소음은 우울증 및 불안과 관계가 있는 것으로 밝혀졌다. 소음을 5~10데시벨만 줄여도 긴장이 누그러지고 심장 박동 수가 낮아진다. 어떻게 소음을 통제할 수 있을까?

우선, 소리를 식별해보자. 집 안의 어떤 방은 다른 방보다 더 시끄러운 법인데, 요는 얼마나 많은 사람이 어떤 용도로 특정 공간을 사용하고 공간 안에 어떤 가구와 마감재가 있느냐이다. 사교 활동이 가장 활발하게 이루어져서 가장 시끄러운 곳이기 쉬운 부엌에서는 조리 도구와 달그락거리는 소리가 수저가 부딪히며 내는 소리며 대화하는 소리와 경쟁이라도 하듯 들려온다. 이 소리들은 단단하고 매끄럽기 마련인 부엌 표면에 부딪힐 때 증폭된다. 바닥이나 벽, 특히 욕실에 많이 쓰이는 타일, 샤워장 유리 칸막이, 욕조, 수도꼭지, 거울처럼 방수가 되는 단단한 마감재들도 소리를 증폭시킨다.

이처럼 떠들썩한 공간에는 구멍이 많은 다공질 표면의 소재를 쓰면 소리를 일부 흡수해서 소음을 누그러뜨릴 수 있다. 카펫 깔린 부엌의 부활을 바라는 사람은 없겠지만, 가능한 곳에 직물들을 들여보자. 세탁 가능한 바닥 깔개, 테이블보와 매트, 벽걸이 장식, 수건, 창문 커버와 방석 들은 모두 소음을 완화시키는 데 쓸 만하다.

침실이나 거실 같은 방들은 공간의 목적에 어울리는 커튼이며 직물 커버와 쿠션 등이 있어서 다른 공간보다는 조용한 곳이기 쉽다. 혹시 소리가 생각보다 조금 더 울린다면, 질감을 살린 소재를 더 많이 이용해보라. 예컨대 표면이 매끄러운 목재는 소리

커튼 달기
큰 유리창이 있다면,
바닥에서 천장까지 닿는
직물 커튼을 달아서
소음을 줄이자.

소음 줄이는 법

마크라메나 태피스트리 같은
직물 벽걸이 장식을 쓰면 맨벽일 때보다
소리 반사를 줄일 수 있다.

커튼, 깔개, 쿠션 들은 보기에 좋을 뿐 아니라
소리를 흡수해서 공간에 대한 느낌도
개선해준다.

디너파티 같은 특정한 활동의 경우,
그에 알맞은 식탁보를 써서 소음을 완화시키자.

를 반사하지만, 자연스럽게 나뭇결을 살린 마감재
는 소리를 산란시키고 메아리를 제거해서 울림을
줄여준다. 모서리를 둥글게 마감한 나무 선반(한쪽
면을 원래 모양대로 남겨놓은 것)이나, 소음 흡수 플라
이우드 패널(구멍이나 홈을 낸 다공 합판)을 추가할 수
도 있겠다.

또 다른 해법은 앞에서 이미 말한 대로 활동들이
적절한 장소에서 이루어지도록 하는 것이다. 가능
하다면, 소리에 민감한 사람들의 경우, 손님을 접대
하거나 음악을 감상하거나 입체 음향 텔레비전을
시청하는 시끄러운 곳을 피해 조용한 장소를 이용
할 수 있도록 배려하자.

만일 침실이 거실과 벽을 공유하고 있다면, 가구
나 옷장을 그 벽에 붙여서 한쪽에서 다른 쪽으로 전
달되는 소리를 줄이고 두 공간을 분리하는 효과를
내보자. 상식처럼 들리지만 미관상 안 좋다는 이유
로 간과되기 쉬운 해법이다.

마지막으로, 크고 잎이 많은 실내 식물도 집 안 소
음을 완화하는 데 도움이 되니 잘 활용해 보자.(p.170
참조)

53 | 조용한 가전제품 고르기

우리는 생활 속 소음에 적응해가긴 하지만, 한편으로 뇌는 끊임없이 불필요한 소리 입력을 걸러내고 있다. 애초에 배경 소음이 없다면 뇌는 많은 힘을 절약할 수 있을 것이다.

보일러를 켤 때 나는 "펑!" 소리에 우리는 익숙하다. 세탁기가 돌면서 내는 시끄러운 소리도 마찬가지인데, 어떤 때는 이륙하는 비행기 소리 같기도 하다. 가전제품들을 사기 전에 소리 출력을 체크해보라. 소리에 관한 내용이 제품 설명서에 나와 있을 때가 많

다. 이런 점검은 하루 종일 켜두는 제품을 고를 때 특히 유용하다. 예컨대 환풍기나 냉장고 같은 것들인데, 잠잘 때가 되어 집 안이 조용해지면 작동 소리가 유난히 귀에 더 잘 들어온다. 아니면, 소음 점검을 제삼자에게 맡겨서 저소음 인증 마크(QM)를 받

저소음 인증 마크는 국제적으로 인정받는 인증 프로그램으로,
제품의 소음 수준을 평가해서 소비자들이 정보를 바탕으로
의사결정을 하게 해준다.

은 제품과 장치를 고르면 집 안을 조용한 상태로 유지할 수 있다.

저소음 인증 마크는 국제적으로 인정받는 인증 프로그램으로, 제품의 소음 수준을 평가해서 소비자들이 정보를 바탕으로 의사결정을 하게 해준다. 저소음 인증 마크는 각각의 제품 범주에서 가장 소음이 적은 제품을 확인해서 집 안 환경을 더 조용하게 유지하도록 해준다. '조용한 부엌'부터 '조용한 정원'까지, 저소음 인증 마크 홈페이지(www.quietmark.com)에서 범주별로 추천 제품들을 확인할 수 있다.

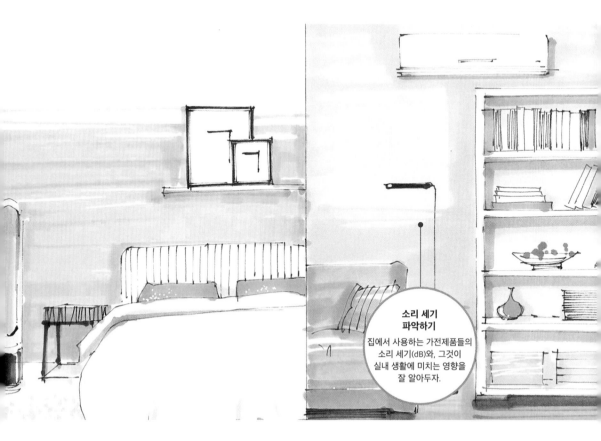

소리 세기 파악하기
집에서 사용하는 가전제품들의 소리 세기(dB)와, 그것이 실내 생활에 미치는 영향을 잘 알아두자.

생명 친화적
소리 디자인

큰길가에 사는데 운 좋게도 집에 정원이나 실외 공간이 딸려 있다면, 자연이 생명 친화적(biophilic) 소리 디자인을 도와줄 터이다. 생명 친화적 소리 디자인이란 자연과 자연 요소들이 내는 소리의 질을 관리하는 것을 말한다. 즉, 자연을 이용한 소리 방벽으로 원치 않는 소음을 줄이거나, 자연에서 나는 소리로 소음을 가리는 것(사운드 마스킹)을 뜻한다.

집 둘레에 벽이나 인공 울타리를 세우는 대신에 산울타리를 치거나 나무들을 심으면 자연적 소리 방벽이 만들어진다. 집 밖에 초목이 늘어나면 소음이 크게 줄어들고, 그에 따라 소음 공해도 덜 의식하게 되는 것으로 알려졌다. 초목들은 소리를 흡수하고 흩뜨려서 집의 창문과 벽에 도달하는 소음을 막아줄 뿐 아니라, 대기오염을 줄이고 집 주위에 야생 생태계를 조성해준다.

집 주변에 생물 다양성을 북돋아서 사운드 마스킹을 하면 원치 않는 인공적인 도시 소음을 바람, 물, 동물 같은 자연의 소리로 덮을 수 있다. 산울타리 치기와 나무 심기 말고도 집 주위에 자연음을 조성하는 몇 가지 방법이 있다.

새집과 모이통을 설치하면 새들이 정원을 계속 찾아와 유익한 자연의 소리인 노랫소리를 들려줄 것이다.

풍경을 설치하면 날씨 변화를 알아차릴 수 있다. 다만, 풍경 소리가 마음에 드는지, 이웃에 혹시 방해가 되지는 않는지 반드시 확인하자. 그 밖에 수경 시설물(p.126 참조)을 설치하는 것도 괜찮은 방법이다.

이와 같은 방법은 사운드 마스킹 효과를 내는 것과 더불어, 비정형 감각 자극(NRSS)으로 우리 주의를 끌어서 하루의 다양한 시간대에 짧지만 유익한 기분 전환의 순간을 제공함으로써 심신을 회복시키는 효과를 낳기도 한다. 이것을 주의 회복(attention restoration)이라고 한다.

정원이 없다고 낙담하지는 마시라. 발코니나 창문을 이용하면 자연 소리 방벽을 만들 수 있다. 창틀 걸이 화분이나 격자 펜스를 이용해서 덩굴식물을 키우면 빛과 공기가 통하는 수직 벽이 만들어진다. 창틀에 새 모이통을 걸어둘 수도 있을 것이다. 다만 창문에 뭔가를 설치할 때에는 자연광을 너무 많이 가리지 않도록 주의하자. 자연광 들이기와, 자연음을 키워 원치 않는 소음 줄이기 사이에 절충이 필요할 수도 있다. 스스로 설정한 우선순위와 무엇이 집을 위해 최선인지를 잘 고려해서 결정하자.

**식물을 이용해
소음 차단하기**
산울타리와 나무들은
집 주위의 원치 않는
소음들을 자연스럽게
흡수해준다.

**자연의 소리
초대하기**
새집, 벌통, 꽃과 수목은
생물 다양성과 그에 따르는
자연의 소리를
북돋운다.

55 | 사운드 마스킹 기법들

집 주위의 자연음을 늘리거나 원치 않는 소음을 줄일 수 없다면, 오디오 장치에 녹음한 자연의 소리를 이용해보라.

새소리나 파도 소리부터 숲의 소리나 빗소리까지, 즐길 수 있는 소리라면 무엇이든 괜찮다. 연구에 따르면 새소리는 차분한 소리로, 교통 소음은 어지러운 소리로, 사람들 소리는 마음을 들뜨게 하는 소리로 인식된다고 한다. 사람은 귀에 익은 소리를 듣고 있을 때 일이 제일 잘된다. 유쾌한 추억이 담긴 풍경과, 그때의 가장 좋았던 소리들을 떠올려보라.

만일 자연음이 주의 집중에 방해가 된다면, 다른 선택지들이 있다. 다음은 배경음과 갑작스러운 큰 소리들(예컨대 공사하는 소리, 문이 쾅 닫히는 소리, 외치는 소리) 사이의 틈을 메워주는 소음들이다.

• **백색 소음(white noise)** 모터가 부드럽게 돌아가는 소리 같은 지속적인 기계음 유형의 소음으로, 가청 주파수 전체를 포괄한다. 배경 소음을 덮어서 주의 집중과 수면을 도울 목적으로 자주 사용되며, 특히 아기들에게 효과적이다.

• **분홍 소음(pink noise)** 백색 소음이 너무 날카롭다고 느끼는 사람들을 위해 그보다 낮은 주파수대를 증폭한 소음으로, 끊임없이 내리는 비나 나뭇잎을 지나는 바람이 내는 자연음에 더 가깝다. 몇몇 연구에 따르면 분홍 소음도 수면의 질과 집중력 향상에 도움이 된다고 한다.

• **갈색 소음(brown noise)** 천둥소리나 폭포수 소리처럼 훨씬 더 낮은 주파수대의 소음이다.

시중에는 나만의 소리를 디자인할 수 있는 앱까지 나와 있어서, 저·중·고 음역대 소리를 각자의 기호에 맞게 편집할 수 있다.

노래 없는 음악이나 드럼 소리가 집중하는 데 도움이 된다는 사람도 더러 있다. 고주파 음악을 듣는 것이 스트레스를 줄여줄 수 있다는 연구 결과도 나와 있다. 다양한 유형의 소리를 시험해서 나에게, 그리고 내가 하는 일에 꼭 맞는 소리를 찾아내자.

사운드 마스킹을 위한 소음들

백색 소음 모터가 부드럽게 돌아가는 소리 같은 기계음 유형의 소음

분홍 소음 백색 소음이 너무 날카롭다고 느끼는 사람을 위해 그보다 낮은 주파수대를 증폭한 소음

갈색 소음 천둥소리나 폭포수 소리처럼 훨씬 더 낮은 주파수대의 소음

56 | 나에게 맞는 소리 일주리듬

도시에서 살다보면 이제 더는 새들의 새벽 합창과 함께 깨어나지 않고, 밤에 귀뚜라미 노래와 더불어 잠자리에 들지 않는다. 하지만 자연광 노출이 우리 일주리듬에 영향을 주는 것과 마찬가지로(pp.70~81 참조), 소리도 시간에 대한 우리 감각과 느낌에 영향을 미칠 수 있다.

하루 중 특정 시간에 원하는 느낌에 어울리는 소리나 음악을 스스로에게 들려줌으로써 우리 기분에 영향을 줄 수 있다. 자연의 소리는 '투쟁-도피' 반응이나 '휴식-소화' 반응을 관장하는 자율신경계 같은 신체 시스템에 영향을 미쳐서, 긴장을 풀거나 뇌가 휴식을 취하도록 하는 것으로 알려졌다. 게다가, 우리는 실제로도 자연음의 효과를 인식한다. 자연의 소리가 사람들이 자각하는 동요와 불안 수준을 낮춰준다는 사실 또한 밝혀져 있다.

자연의 소리는 동요와 불안 수준을 낮추어주는 것으로 밝혀졌다.

시중에는 소리 일주리듬에 맞춰 새벽에는 새소리로 우리를 깨워주고, 잠잘 시간에는 파도 소리를 들려주는 알람시계가 나와 있다. 별로 마음이 안 끌린다면, 하루를 위한 나만의 사운드트랙을 만들어보라. 명랑한 높은 음역대의 음악으로 하루를 시작해서, 느리고 조용한, 그리고 좀 더 편안한 음악이나 소리(은은히 울리는 콧노래를 생각해보라)로 마감하면 잠도 더 잘 자고 기운도 더 날 것이다.

아침 일찍 또는 하루를 마감할 시간에 산책을 할 수도 있겠다. 산책 중에 듣는 자연의 소리는 하루 중 특정 시간과 날씨와 계절 같은, 주변 환경 속의 자연계와 연결하는 데 도움이 된다. 미국인을 대상으로 한 한 설문 조사에 따르면, 국립공원을 찾는 동기를 묻는 질문에 응답자의 91퍼센트가 자연의 소리와 고요한 느낌이 좋아서라고 답했다고 한다.

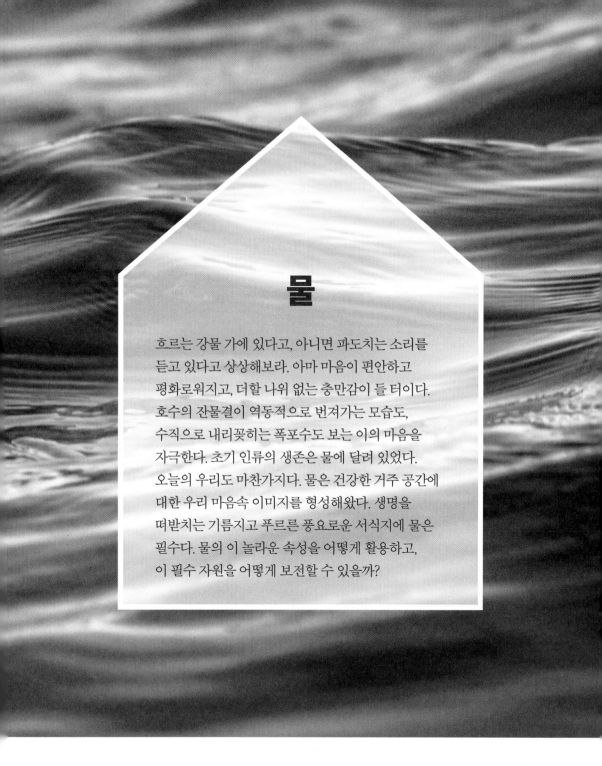

물

흐르는 강물 가에 있다고, 아니면 파도치는 소리를
듣고 있다고 상상해보라. 아마 마음이 편안하고
평화로워지고, 더할 나위 없는 충만감이 들 터이다.
호수의 잔물결이 역동적으로 번져가는 모습도,
수직으로 내리꽂히는 폭포수도 보는 이의 마음을
자극한다. 초기 인류의 생존은 물에 달려 있었다.
오늘의 우리도 마찬가지다. 물은 건강한 거주 공간에
대한 우리 마음속 이미지를 형성해왔다. 생명을
떠받치는 기름지고 푸르른 풍요로운 서식지에 물은
필수다. 물의 이 놀라운 속성을 어떻게 활용하고,
이 필수 자원을 어떻게 보전할 수 있을까?

물 많이 마시기
평균적인 영국 성인들은
하루 권장량인 남성 2.5리터,
여성 2리터에 못 미치는 물을 마신다.
목이 마르다고 느끼는 순간,
당신은 이미 탈수의 부작용을
경험하고 있는 것이다.

정수기 사용하기
조리대에 정수기 물병을
두면 하루 종일
생각날 때마다
물을 마실 수 있다.

57 깨끗한 식수 즐기기

날마다 신선하고 깨끗한 물을 충분히 마시는 것은 건강과 웰빙의 전제 조건이다. 경미한 탈수조차 피로와 어지럼증, 감정 기복과 두통, 공복감 증대, 신진대사 감퇴, 반응 시간과 인지 능력 저하 같은 부정적 효과를 초래할 수 있다.

물의 혜택을 실감하는 가장 알기 쉽고 실제적인 방법은 깨끗한 마실 물에 쉽게 접근할 수 있게 하는 것이다. 선진국에서는 대체로 수도꼭지를 틀면 곧바로 질 좋은 물을 이용할 수 있지만, 그래도 물 자체에 아니면 정수와 배수 과정을 통해서 유기 또는 비유기 오염 물질이 들어가 있을 수 있다. 예컨대 금속류, 광물질, 화학물질, 환경호르몬(인체의 호르몬 분비에 영향을 줄 수 있는 화합물), 박테리아와 바이러스 같은 것들이다. 다음 방법들 가운데 하나로 마실 물을 정수하기를 권한다.

• **재사용 가능한 다양한 물병 마련하기** 외출했을 때, 또는 집에서도 사용한다.
• **정수기 물병 이용하기** 소인 가구나 셋집살이를 하는 경우에 안성맞춤이다. 다만 필터를 자주, 스스로 갈아주어야 한다.
• **주방용 정수 항아리 이용하기** 항아리 둘 공간이 있을 경우, 요리하거나 마시는 데 쓸 정수된 물을 항상 넉넉하게 확보할 수 있는 방법이다. 다인 가구에 적합하다.

• **주방용 정수기 부착하기** 조리대 수도꼭지에 필터를 부착해서 정화된 물을 수도꼭지에서 곧바로 뽑아 쓰는 방식이다.
• **정수 시스템 설치하기** 싱크대 아래의 수도관에 설치해서 정수 과정을 이미 거친 물이 수도꼭지로 나오게 하는 방법이다.
• **집 전체 정수 시스템 설치하기** 사는 곳의 수질이 정말로 나빠서 그 물로는 양치질조차 하고 싶지 않을 때, 또는 경수(센물)가 나와서 변기나 샤워기, 수도꼭지에 침전물이 낄 때 고려해볼 만한 방법이다.(길게 보면 수도관 유지보수와 교체에 들어가는 돈을 절약할 수 있는 방법이기도 하다.)

어떤 방법을 선택하든 혜택을 누리려면 필터를 정기적으로 교체해주어야 한다. 위의 방법 중 앞쪽에 위치한 것들이 설치 비용이 덜 드는 반면 필터 교체는 자주 해줄 필요가 있다. 혹시 수질이 걱정된다면, 집으로 들어오는 물을 검사해보자.

 욕실을
안식처로 바꾸기

욕실은 아침에 가장 먼저 가는 곳이고, 잠자기 전에 제일 마지막으로 찾는 곳이다. 한 공간을 새 하루를 준비하게 해주는 곳이자 잠들기 전에 긴장을 풀어주는 곳으로 만들려면 그에 걸맞게 대우해야 마땅하다. 하지만 불행히도 욕실은 대개 아주 좁고 때로는 창문조차 없다.

그런 욕실을 어떻게 사적인 시간을 위한 안식처로 바꿀 수 있는지 알아보자. 우선, 다양한 감각을 자극하는 환경을 조성해보자. 사진에서 본, 울창한 숲이 금방이라도 쏟아져 들어올 듯한 통창 옆에 놓인 근사한 욕조를 떠올려보라. 그 모든 걸 다 갖출 수야 없겠지만, 그 장면에서 특히 매력적이었던 요소들을 뽑아내서 따라 할 수는 있을 터이다. 몇 가지 아이디어를 소개한다.

• **은은한 조명 갖추기** 휴식이 필요한 밤에는 밝기를 낮출 수 있도록 캐비닛등, 거울등 같은 것을 설치해 보라.

조명 마술 부리기
밤에는 마음을 차분하게 해주는 은은한 빛이 욕실에 가득하게 하자.

- **마음이 차분해지는 향기 이용하기** 스프레이나 목욕용 아로마 오일을 써보자. 밤에는 긴장을 풀어주는 라벤더 향이, 아침에는 활기를 북돋우는 시트러스 향이 괜찮겠다.
- **문에 잠금장치 달기** 프라이버시를 강화한다.
- **파라벤 없는 천연 제품 쓰기** 피부에도 좋고, 서로 다른 허브 향이 나는 비누로 욕실 공기를 다양하게 바꿀 수도 있다.
- **욕실 용품 촉감의 질 고려하기** 감촉 좋은 수건, 욕실용 매트, 스크럽 제품, 폭신폭신한 목욕 가운… 피부 관리 받는 일이 괜히 호사가 아니다!
- **초록 식물 들이기** 초록 식물은 회복 효과가 있다. 욕실이 작을 경우, 천장에 매달거나 벽을 타고 올라가게 하면 공간을 덜 차지하면서도 숲속에 들어온 듯한 느낌을 준다.(p.180 참조)

욕실 안식처를 디자인할 때에는 서로 대비되는 감각들을 이용해서 지금 이 순간을 오롯이 만끽할 수 있게 하자. 예컨대 차가운 바닥 타일과 폭신한 매트, 따뜻한 물과 목욕 수세미를 조합하면 욕실에서 보내는 시간이 풍성해질 터이다.

마지막으로, 물의 회복 효과를 추구한다면 짧은 냉수욕은 어떤가? 바다나 호수나 강에 갈 기회를 누구나 누릴 수는 없지만, 집에서 '냉수 요법'을 시도할 수는 있다. 한 연구에 따르면, 냉수욕을 규칙적으로 할 경우 신진대사가 촉진되며, 냉수 샤워가 우울증 치료에 약물보다 더 효과적일 수 있다고 한다. 차갑기야 하겠지만, 근사한 일 아닌가!

거울등 달기
거울을 볼 때
얼굴이 잘 비치게
하자.

59 | 공유 욕실 꾸미기

욕실에서 혼자 보내는 시간이 좋을 때가 많지만, 어쩔 수 없이 공유해야 할 때도 있다. 그리고 믿기 어렵겠지만, 욕실도 사교 공간이 될 수 있다.

그중에서도 아이 목욕 시간이나 친구들과 어울리는 시간은 공간에 좀 더 활기가 넘치는 때가 된다. 이런 때에는 밝은 조명이 중요하다. 또, 장난감과 화장품 따위를 갈무리해서 더 많은 공간을 확보해주고 욕실이 어질러지지 않도록 해줄, 제대로 된 수납 시설을 갖추는 것도 중요하다. 욕실이 붐빌 때 물건들을 정리하는 또 다른 방법은 문 뒤에 고리를 달아 수건을 걸어두는 것이다.

밤에 느긋하게 목욕을 하는 동안에, 아니면 잠잘 준비를 하면서 이를 닦고 있을 때 누군가와 함께하고 싶어질 수도 있겠다. 파트너와 그날 있었던 일을 이야기할 드문 기회이다. 이때는 상대편을 배려해서 대화하는 동안 편안히 앉아 있을 자리를 욕실 어딘가에 마련해두어야 마땅한데, 사람들이 이

점을 간과할 때가 많다. 남는 의자를 가져다 둘 수도 있겠고, 방석 얹은 수납 트렁크를 좌석 대용으로 쓸 수도 있겠다. 좌석 마련이 야말로 욕실을 좀 더 친밀하고 개방적인 공유 공간으로 바꾸는 훌륭한 방법이다.

환기를 생각하자
욕실 바닥에 젖은 수건이 가득할 때나 물이 바닥 전체에 튀었을 때, 창문을 열거나 환풍기를 돌려서 환기를 잘하는 것은 필수다.

욕실 거울 조명
좋은 거울등은 잘 보이게 해줄 뿐만 아니라, 밝기 조절이 가능하면 분위기를 돋울 수도 있다.

편리한 수납함
욕실 바닥의 잡동사니를 치워서 더 편안히 쉴 수 있게 해준다.

 # 부엌 물
아껴 쓰기

집 안의 물을 효율적으로 쓰는 것은 돈을 절약해서 지출 걱정으로 인한 스트레스를 줄이는 좋은 방법일 뿐 아니라, 환경친화적이기까지 하다. 부엌 물 사용을 줄이는 몇 가지 방법을 소개한다.

따뜻한 비눗물이 담긴 설거지통을 써서 수돗물을 계속 틀어놓는 일을 최대한 줄여보자. 발로 물 공급을 조절하는 풋 페달은 설치비도 별로 안 비싸고, 손으로 조작하는 수도꼭지보다 여러모로 이점이 많다. 물 공급을 더 효율적으로 조절할 수 있을 뿐 아니라, 아주 위생적이기까지 하다.

방금 밀가루 반죽을 주물렀다고, 아니면 정원에서 흙투성이 당근을 캤다고 상상해보라. 제일 먼저 하고 싶은 일이 무엇일까? 손 씻기다! 풋 페달 수도꼭지는 아무것도 만지지 않고 물을 틀 수 있게 해주니까, 부엌을 깨끗하게 정리된 상태로 유지할 수 있다. 게다가 동시에 여러 작업을 하느라 두 손 다 이런저런 조리 기구를 들고 있기 십상인 부엌에서 풋 페달은 훌륭한 대안이다.

부엌에서 소중한 물을 절약하는 또 다른 방법은 설거지용 스펀지를 내려놓고 에너지 고효율 등급을 받은 식기 세척기를 쓰는 것이다. 흔히 손 설거지 쪽이 물 낭비가 덜하다고 생각하는데, 오해다. 요즘 식기 세척기는 한 번 돌릴 때 6리터 이하의 물을 쓴다. 손 설거지 때 평균적으로 쓰는 물의 양과 거의 같거나 그보다 적다. 식기 세척기를 꽉 채워서 돌리면 물을 절약할 수 있을 뿐 아니라, 세제도 가장 효율적으로 이용할 수 있다.

물 절약 요령

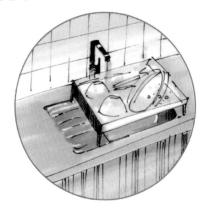

설거지통을 이용하면 물을 계속 틀어놓지 않고도
식기를 세척할 수 있다.

풋 페달 수도꼭지는 물을 절약해줄 뿐 아니라
위생적이기까지 하다.

61 | 욕실 물 아껴 쓰기

욕실은 집에서 물을 가장 헤프게 쓰는 장소이면서 물을 가장 쉽게 절약할 수 있는 곳이다. 샤워를 오래 하거나 욕조에 물을 가득 채우는 것이 우리 물 소비의 34퍼센트 정도를 차지한다.

욕조를 가득 채우면 최대 80리터의 물을 쓰게 된다는 사실을 알고 있는가? 그쯤 되면 목욕이 아니라 사치다. 욕조에 물을 3센티미터만 덜 채워도 5리터를 아낄 수 있다. 물을 틀기 전에 온수 조절기를 점검해서 적정 온도에 맞춰져 있는지 반드시 확인하자.

보통의 샤워기 헤드는 1분에 약 12리터의 물을 쓰는 반면 강력 샤워기는 최대 23리터의 물을 소비한다. 샤워 시간을 줄이자. 평균이 10분인데, 5분이면 충분하다. 샤워 시간 가늠하기가 어렵다면, 타이머를 사서 체크하자. 훨씬 더 좋은 방법은 물에 공기를 통하게 해서 공기 압력으로 물을 분사하는 에어레이팅(aerating) 샤워기 헤드를 구입하는 것이다. 일반 샤워기보다 60퍼센트가량 물을 절약할 수 있다. 싱크대에 에어레이팅 수도꼭지를 설치하면 50퍼센트까지 아낄 수 있다. 이 꼭지들은 쉽게 갈아 끼울 수 있고, 사용하는 순간부터 절약 시작이다.

양치질이나 면도를 하는 동안 물을 꼭 잠그는 작은 습관도 도움이 된다. 물이 새는 수도꼭지를 방치하는 것만으로도 하루에 최대 25리터의 물을 낭비하는 셈이다. 그 물을 병에 담아서 일렬로 늘어놓는다고 상상해보라! 새는 꼭지는 와셔(나사받이)를 교체하는 것만으로 빠르게, 싸게 고칠 수 있다.

마지막으로, 우리네 정신 나간 비효율의 세상에서는 일반 변기가 1회당 13리터의 음용수 수질을 갖춘 물을 흘려보낸다. 하루 물 소비량에서 변기 이용이 30퍼센트를 차지하는 셈이다. 물의 양을 선택할 수 있는 이중 밸브를 설치해 소량을 쓰면 1회당 2.6~4리터의 물만 소비한다. 이 시스템은 누수가 잘되는 경향이 있으므로, 와셔를 제때 교체해주어야 한다. 샤워나 세면기에서 나온 쓰고 난 물을 수세식 변기로 보내 재활용하는 중수도 시스템도 있는데, 매우 비싸고 설치도 복잡해서 도입이 쉽지 않다.

62 | 홈 아쿠아리움 꾸미기

우리는 물과 관련된 좋은 기억을 떠올리게 하는 물건들을 집 안에 들이곤 한다. 예를 들자면 바다 경치를 떠올리게 하는 그림, 물결 모양을 본뜬 직물 패턴, 바닷가에서 주운 자갈이나 조개껍질이나 유목 같은 것들이다. 이 물건들 모두가 즐거웠던 경험을 떠올리게 하고, 그 결과로 기분이 좋아지게 만든다. 거기서 한 걸음 더 나아가, 집 안에 '블루 스페이스(blue space)'를 꾸며보자.

사람들 집에서 가장 흔히 보게 되는 수경 시설이 아쿠아리움이다. 긴 하루를 보내고 나서 편히 쉬고 싶을 때, 집에 어항이 있으면 정말 좋다. 잠자러 가기 전에 헤엄치는 물고기를 바라보고 있노라면 긴장이

응접실에 어항 설치하기
왜 많은 병원들이 대기실에
어항을 두는지 궁금하지 않은가?
한 연구에 따르면, 어항 옆에서 시간을
보내면 심박수와 혈압이 낮아지고,
그러한 변화의 최면적 속성 덕분에
통증이 완화된다고 한다.

풀려 마음이 편안해지고, 어항에서 나는 소리가 원치 않는 소음을 가려주니 어느덧 졸음이 쏟아진다. 어항을 서재에 두는 것도 고려해볼 만하다. 빛을 반사하는 물의 부드러운 움직임은 주의 회복과 집중력 향상에 유익한 비정형 감각 자극(NRSS, p.43 참조)이다.

아쿠아리움은 바쁘게 살아가는 사람이나 알레르기가 있는 사람에게 반려동물을 키울 기회도 제공한다. 다만, 물고기 친구들을 잘 돌보려면 아쿠아리움을 규칙적으로 관리해주어야 한다. 먹이 주기 일정을 확실히 지키고, 어항 물을 일주일에 한 번씩 꼭 갈아주자.

움직임의 효과
주변에서 일어나는
부드럽고 자연스러운
움직임은 건강과 웰빙에
좋은 유익한 비정형
감각 자극이다.

화제 제공
홈 아쿠아리움은
대화를 이끌어내는
훌륭한 초점 노릇도
한다.

63 | 정원 수경 시설물 설치하기

수경 시설물을 정원에 설치하면 여러모로 이점이 많다. 초점 노릇을 하고, 야생 생물을 불러들이며, 스트레스 수준을 낮추고 정원에서 하는 경험의 질을 전반적으로 높여준다. 이때 고려할점을 몇 가지 소개한다.

우리는 푸른 공간에 마음이 끌리는 경향이 있다. 물이 있다는 사실만으로도 마음이 저절로 진정되기때문이다. 따라서 정원에 사람들이 모이고 싶어지는 수경 시설을 꾸며볼 만하다. 베란다나 데크 위에

설치할 수도 있겠고, 어디든 앉을 자리 있는 곳 가까이에 설치할 수도 있겠다. 수경 시설과 조명을 잘 조합해서 물의 움직임이 더 잘 보이게 하자. 가능하다면 햇빛을 집 안 천장으로 반사할 수 있는 곳에 수경

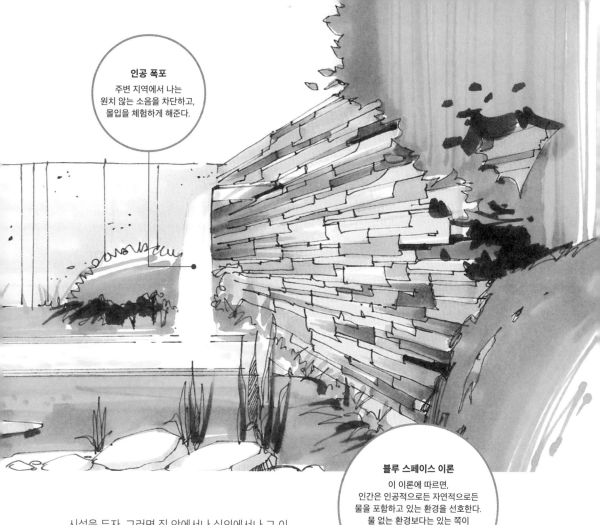

인공 폭포

주변 지역에서 나는
원치 않는 소음을 차단하고,
몰입을 체험하게 해준다.

블루 스페이스 이론

이 이론에 따르면,
인간은 인공적으로든 자연적으로든
물을 포함하고 있는 환경을 선호한다.
물 없는 환경보다는 있는 쪽이
긍정적인 영향을 미치고 더 큰
회복 효과를 낸다는 것이다.

시설을 두자. 그러면 집 안에서나 실외에서나 그 이점을 두루 누리게 될 터이다.

수경 시설은 스타일이 다양해서 현대식 정원에든 전통적 정원에든 풍취를 더해준다. 고풍 어린 정원에 고전적인 수련 연못이나 우아한 수반을 설치할 수도 있고, 현대적인 정원에는 그에 걸맞게 선이 깔끔한 수경 조각(water sculpture)을 둘 수도 있다. 수경 시설의 유형을 결정할 때에는 인공 분수나 폭포를 결합해서 붐비는 인근 도로나 시끄러운 이웃에서 나는 원치 않는 소음을 차단할지 여부도 함께 고려하자.

특히 수반과 연못은 야생 생물을 불러들여서 정원에 생물 다양성을 더하는 탁월한 방법이다. 지난 100년 동안 영국 내 연못의 70퍼센트가량이 사라진 것으로 추정되는데, 연못이란 잠자리와 새, 개구리, 곤충 같은 온갖 생물을 매혹하는 곳이다. 게다가 철 따라 바뀌는 생태를 통해, 계절과 날씨 같은 자연계와 연결할 기회를 우리에게 제공한다.

64 빗물 이용해 식물 기르기

인구 증가와 기후변화로 인해 지구 온도가 올라감에 따라, 물 공급에 가해지는 압박이 점점 커지고 있다. 뜨겁고 메마른 여름철에는 물 자원이 다른 때보다 더 소중해진다. 특히, 땅속 뿌리가 아래쪽 깊은 곳에 있는 대수층에 미치지 못하는 어린 식물들은 더 많은 물이 필요한 이 계절에 특히 취약하다. 빗물을 받아서 저장하는 것이야말로 수도꼭지를 자주 틀지 않고도 식물의 요구에 부응할 수 있는, 싸고도 쉬운 해결책이다.

홈과 홈통을 갖춘 구조물이라면 모두 빗물을 모을 수 있다. 집, 정원의 헛간, 심지어 온실의 지붕이 그렇다. 남은 할 일은 연결관을 갖춘 빗물통을 구입하는 것뿐이다. 물이 찼을 때 넘어지지 않도록 빗물통을 반드시 평평한 땅 위에 두자. 아울러 뚜껑도 덮어서 야생 생물이 빠지거나 모기가 꼬이는 일을 막자.

일단 설치하면 홈통을 거친 빗물이 빗물통에 모이고, 넘치는 빗물은 하수관으로 되돌리도록 설계되어 있다.

당신이 돌보는 식물들은 빗물을 수돗물보다 더 좋아할 것이다. 수돗물과 달리 빗물은 화학 처리가 되지 않았으니까.

더러운 침전물이 끼지 않게 일년에 한 번 꼭 빗물통을 청소하자. 혹시 빗물통이 여러 개 있다면, 하나씩 돌아가면서 쓰는 것을 고려해보라. 그러면 언제나 가장 신선한 빗물을 공급받을 수 있을 것이다.

식물에 이롭다
뜨거운 여름철에 특히 취약한 어린 식물들은 화학 처리 안 된 빗물을 더 좋아한다.

식물들은 빗물을 수돗물보다 더 좋아할 것이다.
수돗물과 달리, 빗물은 화학 처리가 되지 않았으니까.

**빗물 최대한
활용하기**
빗물통을 집, 부속 건물,
헛간의 홈통 같은
빗물 모이는 곳과
연결하라.

옥상의 절약 효과
영국왕립원예협회에서는
건조 지대에서 옥상에 내리는
빗물을 모을 경우 일 년에
2만 4,000리터의 물을 절약할 수
있을 것으로 평가한다. 지구에 좋을
뿐 아니라, 수도료까지
절감할 수 있는
길이다.

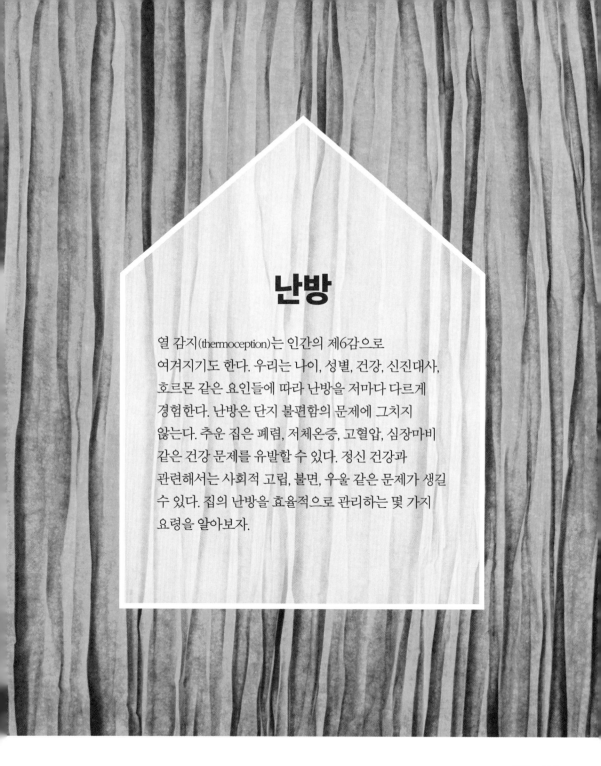

난방

열 감지(thermoception)는 인간의 제6감으로
여겨지기도 한다. 우리는 나이, 성별, 건강, 신진대사,
호르몬 같은 요인들에 따라 난방을 저마다 다르게
경험한다. 난방은 단지 불편함의 문제에 그치지
않는다. 추운 집은 폐렴, 저체온증, 고혈압, 심장마비
같은 건강 문제를 유발할 수 있다. 정신 건강과
관련해서는 사회적 고립, 불면, 우울 같은 문제가 생길
수 있다. 집의 난방을 효율적으로 관리하는 몇 가지
요령을 알아보자.

가구 위치 바꾸기
가구를 라디에이터에서 떨어뜨리면 열의 흐름과 분포가 개선된다.

65 | 난방비 줄이기

난방은 스트레스를 잔뜩 받는 일일 수 있다. 돈이 많이 들기도 하고, 탄소 발자국을 가장 크게 늘리는 요인이 될 수도 있다. 따뜻하게 지내면서도 비용은 줄이고 난방비 고지서가 날아왔을 때 스트레스 수준은 낮추어서 웰빙을 향상시키는 몇 가지 방법을 소개한다.

자동 온도 조절기를 켜기 전에 가장 먼저 할 일은 점퍼를 걸치고, 두툼하고 따뜻한 양말을 신고, 밤에는 뜨거운 물이 담긴 물병을 손에 꼭 쥐는 것이다. 에너지 공급원을 더 좋은 거래 조건을 제공하는 공급자로 전환하는 것도 생각해볼 만하다. 그러면 영국의 경우 일 년에 300파운드를 절약할 수 있을 터이다. 재생 에너지를 공급하는 기업을 찾으면 환경에 조금이라

도 보탬이 될 수 있다. 재생에너지가 이제 더는 가장 비싼 선택지가 아니므로, 이리저리 물색해볼 만하다.

또 다른 간단한 해결책은 라디에이터 주변의 공기 흐름을 개선하는 것이다. 가구를 라디에이터에서 좀 더 떨어뜨리면 대류를 통해 열이 실내에 골고루 퍼진다. 좋아하는 소파나 안락의자가 라디에이터 바로 앞에 있으면 열을 대부분 흡수해서 더운 공

난로 설치하기

필요할 때 원하는 만큼 쓸 수 있는 추가 열 공급원으로, 방 하나에 화목 난로를 설치하라.

라디에이터 리플렉터 패널로
더운 공기를 방 안으로 반사하면
라디에이터 효율이 높아진다.

집의 표면 가운데
열 손실이 가장 많이 발생하는 벽에
단열재를 시공하면 손실을 줄일 수 있다.

기가 방 안을 자유롭게 순환하지 못한다.

라디에이터 주위에 리플렉터 패널(reflector panel)을 설치하면 더운 공기를 반사해서 대류가 더 촉진된다. 리플렉터 패널은 일반 철물점에서 쉽게 구할 수 있고 설치하기도 쉬우니, 소중한 열을 최대한 활용하는 훌륭한 방법이라 하겠다.

보일러와 라디에이터를 정기적으로 점검해서 효율적이면서도 안전하게 작동하도록 하자. 정기 점검은 라디에이터 속의 공기를 제거해서 과열을 방지하는 데에도 도움이 된다.

집(바닥, 벽, 지붕 공간)의 단열을 완벽하게 만드는 방법을 찾아보자. 단열 처리를 완벽히 했을 때의 차이는 놀랄 만하다. 평균적인 집의 열 손실 가운데 35퍼센트가 벽, 25퍼센트가 지붕, 15퍼센트가 바닥을 통해서 발생한다는 사실을 고려하면 특히 그렇

가구를 라디에이터에서 떨어뜨리면 더운 공기의 대류가 촉진된다.

다. 이 세 곳에는 각각 다른 단열 방법을 써야 하는데, 건축 유형에 따라 방법이 달라진다. 그와 관련된 수많은 기술적·실제적 문제들이 있으니, 전문가와 상의하고 비용을 가늠해보는 것이 가장 좋다. 생각보다 쉬운 일이고, 더 빨리 시행할수록 더 빨리 난방비를 절약하고 집을 따뜻하게 유지할 수 있다.

66 | 빨래 건조기 안 쓰기

우리는 기술에 의존하게 되었다. 하지만 사실, 항상 기술이 필요한 것은 아니다. 우리가 이미 가진 것을 잘 이용한다면, 빨래 건조기는 필수품이 전혀 아니라는 점을 깨닫게 될 터이다. 그것은 아마도 사서 계속 쓸 필요가 거의 없는 물품 가운데 하나일 것이다.

통돌이 건조기의 일인당 연간 전력 소비량은 세탁기의 세 배나 된다. 따라서 에너지 사용료를 줄이고 집 안에 이미 있는 열을 최대한 활용하는 현명한 방법은 시끄럽고 전기 잔뜩 잡아먹는 건조기를 쓰지 않고 세탁물을 공기로 말리는 것이다. 다용도실이

나 라디에이터 근처의 천장 적당한 곳에 건조대를 매달자. 거기에 빨래를 넣어두면 천장 쪽으로 올라가는 더운 공기가 밤사이에 말려줄 것이다. 공기 덥히는 비용은 이미 지불했으니 추가 비용도 안 든다.
　단, 이 방법이 통하려면 예컨대 팬이 계속 돌아가

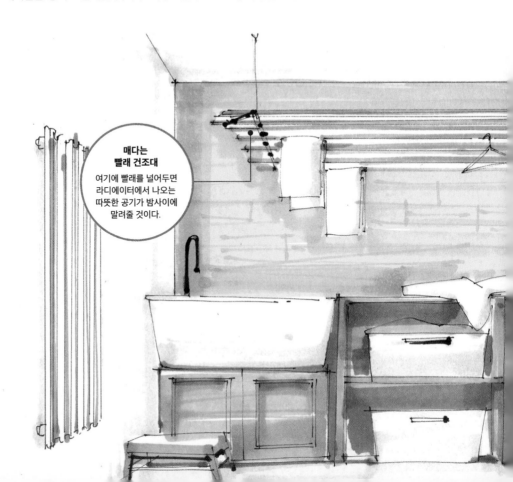

매다는 빨래 건조대
여기에 빨래를 넣어두면 라디에이터에서 나오는 따뜻한 공기가 밤사이에 말려줄 것이다.

는 식의 기계식 환기 장치가 꼭 필요하다. 환기가 불충분할 경우, 그로 인한 건강 문제(pp.144~145 참조)가 에너지 소비 절약이 가져다주는 이점을 능가할 터이다.

스코틀랜드 소재 매킨토시 환경건축연구소에서 수행한 연구에 따르면, 87퍼센트의 사람이 별 생각 없이 방 안에서 빨래를 말리고, 64퍼센트는 난방기

빨래를 공기 중에서 말릴 때에는 환기 부족으로 인한 건강 문제를 막아줄 기계식 환풍기가 꼭 필요하다.

위나 가까이에서 말리는 것으로 밝혀졌다. 이것은 문제가 될 수 있다. 습도가 집먼지진드기 번식에 알맞고, 습기와 곰팡이도 문제가 되는 가정이 많다. 같은 연구에서는 빨래 말리는 공간이 집의 나머지 공간들과 분리되어야 하고, 전용 난방과 환기 시설을 갖추어야 한다고 결론짓고 있다. 그래야 따뜻하고 건조한 공기가 빨래 위까지 끌어올려지고, 모든 습기와 함께 환풍기로 빨려나간다는 것이다.

대개는 계속 돌아가는 환기팬 쪽이 타이머로 작동하는 전통적인 환기팬보다 훨씬 조용하고 에너지 효율도 높을 것이다. 에너지 절약 해법은 나와 있고, 올바로 실천하는 일만 남았다. 적절한 환기를 통해 건강한 가정을 만들자.

계속 돌아가는 환풍기
라디에이터에서 나온 따뜻한 공기가 빨래 위까지 끌어올려졌다가 밖으로 배출된다.

가전제품 이용 재고하기
통돌이 건조기의 일인당 연간 전력 소비량은 세탁기의 세 배나 된다.

외풍 차단하기
현관문에 두툼한 커튼을
쳐서 열을 가두고
찬 공기를 차단하라.

바닥 손보기
바닥 밑에 단열재를 깔고,
바닥 판자들 사이의
틈새를 메우고,
보온용 러그를 깔라.

난로 설치하기
개방형 벽난로를 화구
문이 달린 화목 난로로
교체해서, 굴뚝으로 외풍이
들어오는 것을 막아라.

67 | 외풍 줄이기

외풍은 틈새나 구멍을 통해 공기가 집으로 들어오거나 집에서 빠져나갈 때 생기는데, 겨울에는 집 안에 냉기를 유발한다. 좋은 공기 흐름을 원하는 곳이 아니라 욕실, 부엌, 화장실, 다용도실 같은 곳에서 언제든 원치 않게 발생할 수 있다는 점에서 환기와는 다르다.

찬 공기가 집 안에 못 들어오게 하는 데에는 외풍 차단이 효과적이다. 그러면 연간 난방비도 10퍼센트 줄일 수 있다. 가장 흔한 외풍 발생원들과 그에 대한 대책을 소개한다.

• **방문들** 문 둘레에 혹시 틈새가 없는지 점검하자. 문틈으로 반대편이 보이는지 확인하고, 추운 날 문 여기저기를 만져보고 문 가장자리를 따라가면서 손을 대보라. 혹시 틈새가 발견되거나 찬 공기가 느껴지면, 방풍 띠(wiper strip)나 밀봉 브러시(brush seal)를 설치해서 실내 공기가 빠져나가지 못하게 하자. 문 위에 두툼한 커튼을 쳐서 열을 가둘 수도 있겠고, 사거나 직접 만든 문풍지를 바를 수도 있겠다. 문풍지는 비용 대비 효과가 크고, 시공이 편리하고, 따뜻한 철에

는 보관해둘 수도 있다. 문에 방풍 처리를 할 때에는 반드시 방풍재가 바깥쪽을 향하도록 하고, 난방하지 않는 방들의 문도 빠뜨리지 말자. 난방을 하는 두 방 사이에 난 문은 걱정 안 해도 된다. 따뜻한 공기가 두 방을 자유롭게 순환할 테니까.

• **현관문** 열쇠구멍에 방패 모양 덮개를 설치하고, 편지함 투입구에도 뚜껑을 달거나 브러시 덮개를 설치하는 등의 추가 조치를 취할 수 있겠다. 이때 뚜껑 고정 장치에 기름칠을 잘해서, 뚜껑이 열린 채로 고정되어 더운 공기가 밖으로 빠져나가는 일이 없도록 해야 한다. 현관문을 통한 열 손실이 심각하다면, 안쪽에 중문을 설치하거나 별도의 문이 딸린 포치(porch)를 만들자. 그러면

외풍 차단은 난방비를 10퍼센트 줄여주는 효율적인 수단이다.

겨울철에 집을 나설 때 몰아치는 찬 공기를 중문이 차단해서 집 안으로 들어오지 못하게 해줄 것이다.

• 창문들 창틀 둘레로 촛불을 옮겨보면 창문 어디로 외풍이 들어오는지 솜씨 좋게 알아낼 수 있다. 촛불이 깜빡거릴 때마다 위치를 표시해두면, 나중에 방풍 띠로 틈새를 막을 수 있다. 브러시가 달린, 내구성 좋은 금속 제품을 추천한다. 만일 예산이 빠듯하면 접착제가 부착된, 역시 시공이 간단한 폼 스트립(foam strip)을 써도 된다.

커튼을 달면 바깥의 찬 공기와 아늑한 방 사이에 장벽이 생겨난다. 바닥에서 천장까지 닿는, 방열 안감을 댄 두툼한 직물 커튼을 선택하라. 올이 촘촘한 이상적 단열재인 벨벳이나 트위드 같은 것들이 좋다. 아니면, 블라인드 위에 이중 커튼을 칠 수도 있겠다. 차단막이 여러 겹이면 막들 사이에 공기가 가두어져 단열 효과가 훨씬 더 좋아진다. 더 따뜻한 계절에 얇은 커튼을 먼저 친다면, 두꺼운 것은 옆으로 밀어서 묶어두거나 다른 데에 치워두면 될 터이다.

창문용 슈링크 필름(window-shrink film)은 비용 효율적인 대안이다. 시공이 빠르고 간편하며, 창문을 밀폐해서 외풍 차단 효과를 개선해준다. 단, 창문을 열어서 신선한 공기를 들이지는 못하게 되므로, 방 안에 습기와 퀴퀴한 공기가 차는 것을 막으려면 다른 환기 방법을 찾아야 한다.

홑겹 유리를 끼운 창문이라면 이중 또는 삼중 유리창을 설치하는 것을 고려해보라. 새시 창문이라면 외풍 차단 브러시를 추가하거나 창틀 안쪽에 두 번째 유리를 끼우는 식으로 개조할 수 있을 것이다. 창문에 잠금장치가 있으면 바깥이 추울 때 꼭 채워

난방이 왜 중요한가?
온도는 사람들이 살거나 일하는 건물에 불만을 느끼는 가장 중요한 요인 가운데 하나로 꼽힌다.

두라. 잊기 쉬운데, 정말로 중요하다.

• 굴뚝들 굴뚝은 더운 공기를 집 밖으로 빼내도록 설계되어 있다. 사용하지 않을 때조차도 계속 그런 역할을 한다! 다행히 굴뚝 외풍을 차단하는 방법이 많아서, 각자 예산에 맞게 선택할 수 있다.

사용하지 않을 때에는 나중에 제거할 수 있는 굴뚝 풍선이나 그와 비슷한 외풍 차단 장치로 굴뚝을 막아두라.(벽난로를 다시 가동하기 전에 반드시 그것들을 제거하고 굴뚝을 청소하자.)

전문가를 고용해서 연통 덮개를 설치하라. 개방형 벽난로를 화구 문이 달린 장작 난로로 교체하라. 이 난로에는 연통관과 접속하는 환기 조절 밸브가 있어서 더운 공기가 집 밖으로 빠져나가는 것을 막아준다. 전문가가 설치해야 하고, 건축 관련 규정도 충족시켜야 할 것이다.

• 다락 출입구(loft hatch) 데워진 공기가 상승하면 환기가 되는 다락 공간으로 더운 공기가 새어 들어갈 수 있다. 절연 처리를 한 출입문을 설치하고 문 둘레를 외풍 차단재로 밀폐하라.

• 바닥 널과 굽도리 널 충전재로 틈새를 꼼꼼히 메운다. 목재 널판은 수축과 팽창을 하는 성질이 있으니, 그러한 변화를 이겨낼 수 있는 소재를 써서 금 가는 일이 없도록 하자.

• 낡은 환풍기 사용하지 않는 것을 찾아서, 필요할 경우 벽돌이나 콘크리트로 밀폐한다. 사용 중인 환기 장치를 밀폐하는 일이 없도록 주의하자.

68 | 난방 조절하기

난방과 온수의 온도와 시간을 조절하는 것이야말로 탄소 배출량 감소와 비용 절약은 물론이고, 집의 온기와 쾌적함 관리에서 핵심 요소이다. 그에 도움이 될 여러 가지 기술이 있으니, 필요와 라이프 스타일에 맞추어 활용하자.

- **보일러** 아마 난방과 온수 온도와 시간 조절 장치가 딸려 있을 것이다. 만일 낮 동안 집 아닌 다른 데서 일한다면 필요할 때만, 다시 말해 아침이나 저녁에만 가동하도록 설정해두라. 온수 온도가 높을수록 집이 빨리 따뜻해진다는 점을 기억하자.
- **스마트 난방 관리 시스템** 난방 장치의 온도와 가동 시간을 앱을 이용해 원격으로 조종할 수 있게 해준다. 이동 중에 난방을 조정할 수 있으므로, 일정이 변경되었을 때 유용하다. 개중에는 당신의 생활 패턴을 파악해서 자동으로 조절해주는 것까지 있는데, 프라이버시 침해라는 느낌만 안 든다면 꽤 편리할 터이다.
- **자동 온도 조절기** 기온이 설정 온도 이하로 떨어질 때 난방을 가동시키는 일을 한다. 오래된 집에서는 복도에 설치된 조절기 하나가 집 전체의 온도를 관리하는 경우가 많다. 온도 설정하기는 편리하지만, 찬 공기가 집 안으로 불어들면 꼭 필요하지는 않은 곳까지 난방을 작동시킨다는 단점이 있다. 현대적인 집이라면 방마다 조절기가 따로 설치돼 있을 것이다. 침실이 거실보다 시원하기를 바랄 경우, 설정 온도를 달리할 수 있으니 안성맞춤이다.
- **자동 온도 조절 라디에이터 밸브** 하루 종일 난방을 할 필요가 없는 예비용 침실 같은 곳의 라디에이터에는 뜨거운 물이 흐르지 않도록 통제해서 각 방의 온도를 조절해준다. 비용 효율적이고, 기존 라디에이터에 쉽게 설치할 수 있다. 비싼 모델들에는 와이파이나 앱으로 조종 가능한 타이머가 달려 있기도 하다.
- **보일러 자동 온도 조절기** 온수가 저수탱크에서 올 경우, 물의 온도를 조절해서 물이 너무 뜨거워지거나 에너지가 낭비되지 않도록 해준다. 원하는 온도에 다이얼을 맞춰두면, 설정 온도에 도달했을 때 물 가열 장치를 꺼준다.

알맞은 실내 온도는?
환기가 잘되는 경우, 18~23도가 적절할 터이다. 딱 맞는 온도는 거주자의 연령, 기호, 활동 수준에 따라 달라진다. 물론, 이 모든 것이 하루 종일 바뀐다.

69 | 아늑한 난로 장만하기

춤추는 불꽃, 타닥타닥 소리와 향기로운 연기…. 분위기를 살리는 데에는 다른 무엇보다 불이 최고다. 벽난로나 화목 난로는 방 안에 생기를 더해준다. 내 방에 가장 어울리는 난로는 어떤 것일까?

벽난로는 진짜 초점이 될 수 있다. 예스러운 개성과 면모로 가득한 전통 가옥에서는 아름다운 장식장이 딸린 개방형 벽난로가 친구와 가족을 불러 모으는, 집의 중심 노릇을 할 수 있다. 하지만 이러한 벽난로는 난방용으로는 효율이 형편없다. 따뜻해진 공기의 80퍼센트가 굴뚝을 통해 밖으로 빨려 나가고, 고작 20퍼센트만 방 안으로 흘러들기 때문이다.

혹시 현재 벽난로가 없고 설치할 공간도 부족하다면, 화목 난로(장작 난로)가 좋은 대안이 될 수 있다. 방화벽을 둘러쳐서 가까운 벽으로 가는 열기를 차단해주기만 하면 되기 때문이다. 그래서 화목 난로는 부엌, 식당, 거실

불과 실내 공기의 질
모든 불은 연소 과정에서 초미세먼지를 발생시켜서 대기를 오염시키고, 호흡기 및 심혈관계 질환을 유발할 수 있다. 효율이 훨씬 좋은 화목 화로가 그런 문제를 줄여준다.

등에 온기와 분위기를 더하는 데 딱 좋을 수 있다.

화목 난로는 에너지 효율이 훨씬 높기도 하다. 대체로 80퍼센트의 효율로(20퍼센트만이 연도로 빠져 나간다) 열을 꾸준히 공급해서 연료비를 상당히 줄여준다.

고려해야 할 또 다른 요소는 화목 난로 쪽이 훨씬 안전하다는 것이다. 불 주위를 내화유리로 둘러싸서 불이 번지거나 불티가 튀는 것을 막을 수 있다. 따라서 난로 주위에 있는 아이들을 계속 지켜보지 않아도 된다. 물론, 그래도 주의는 기울여야 한다. 보기와는 달리 몹시 뜨거울 수 있으니까.

70 | 태양 복사열 다루기

태양의 힘을 집의 연료로서 이용하는 것은 녹색에너지의 원천이 되며 많은 이점을 가져온다. 그러려면 우선 집이 그에 알맞은 조건을 갖추어야 하며, 계절과 온도 상승 변화를 관리할 수 있어야 한다.

태양 복사열 획득(solar gain)이란 태양의 복사열로 인해 집이 데워지는 과정을 말한다. 복사열을 흡수하면 집이 따뜻해지지만, 때로는 불편함을 가져온다. 햇볕을 정면으로 받아서 여름에 방이 너무 뜨거워진다면, 덧문을 달거나 외벽 정면에 차양을 쳐서 그늘지게 해보라. 더운 지역에서 흔히 쓰는 해결책들이다. 아니면, 낮 동안 블라인드나 커튼을 쳐서 원치 않는 햇살을 차단할 수도 있겠다. 창문 밖에 낙엽수들을 심어서 여름에는 그늘지게 하고, 겨울에는 약해진 햇살이 집을 덥히게 할 수도 있을 터이다.

영국에서는 창들이 대개 겨울에 난방열을 보존하도록 설계되어 있다. 이 구조는 열기를 어떻게든 밖으로 빼내야 하는 여름에 문제가 될 수 있다. 하지만 옛날식 새시 창문들은 자연스럽고 똑똑한 환기 방법을 제공함으로써 집 전체의 더운 공기 움직임을 관리해준다. 아래 창문을 올리고 위 창문을 내리면, 시원하고 신선한 공기가 아래 창구를 통해 밖에서 안으로 끌려 들어와 바닥으로 하강해서 그 위의 더운 공기를 더 위쪽으로 밀어 올려서 결국 위 창구로 빠져나가게 한다. 얼마나 똑똑한가!

이 단순한 자연 환기 시스템을 이용해서 여름에 집 전체를 더 시원하게 유지할 수 있다. 낮은 층의 열린 창과 문으로 시원한 공기를 빨아들이고, 위층의 열린 창문을 통해 더워진 공기를 끌어올려 배출하게 하는 것이다. 이 시스템은 위층에 여닫을 수 있는 지붕창이 달려 있으면 더 잘 작동한다.

단순한 자연 환기 시스템을 이용해서 여름에 집을 더 시원하게 만들자.

그늘 만들기
여름에 기온이 올라가면, 남향이나 서향 문과 창문에 그늘을 드리워서 직사광선을 피하게 하자.

공기

현대식 건물들은 예전보다 기밀 성능이 뛰어나기 때문에, 유해한 인공 물질들이 들어오면 실내 공기질이 나빠진다. 사람들은 집 안 공기의 질에 대해 그다지 신경을 쓰지 않는다. 아무 냄새도 나지 않는 유해 물질이 많다보니 간과할 때가 많은 것이다. 우리는 매일 1만 1,000리터의 공기를 호흡하며, 따라서 공기 질에 정말로 주의를 기울여야 한다. 바깥의 대기오염은 통제할 수 없더라도, 집 안 공기 질은 개선할 수 있다. 나와 내가 사랑하는 사람들이 호흡하는 공기를 최대한 깨끗하고 건강하게 유지하는 요령을 몇 가지 소개한다.

71 | 공기 질 탐지하기

대기오염 하면 사람들은 대부분의 시간을 보내는 건물 안의 공기 질보다는 체증이 심한 자동차 도로와 매연 가득한 도시를 떠올린다. 하지만 요리, 청소, 실내 장식 등 건물 안에서 하는 많은 일들이 공기 질을 떨어뜨리고 심각한 건강 문제를 일으킬 수 있다.

실내 오염 수준은 바깥의 100배에 이를 수 있고, 세계보건기구에서는 실내외 공기 오염을 세계 최대의 환경성 건강 위험 요인으로 규정하고 있다. 그러면 집 안의 공기 질이 건강한 수준에 부합하는지 어떻게 알 수 있을까?

첫째로, 그리고 가장 쉽게 할 수 있는 일은 자기 후각을 믿는 것이다. 흔히 그렇듯, 사람들은 어디서 이상한 냄새가 난다고 말하기도 하고, 지나가는 차의 배기가스나 집 안의 도시가스 냄새를 감지하기도 한다. 사람은 자기 집에서 나는 냄새에 금세 익숙해지고, 따라서 반복되는 같은 냄새는 잘 감지하지 못하게 된다. 누구나 다른 사람의 집에서 나는 독특한 냄새들은 알아차리면서도 자기 집 냄새는 감지하기 어려울 것이다.

둘째는 모든 집에 공통으로 존재하는 공기 오염원들이 유발하는 증상들을 인지하는 것이다. 공기 질이 건강에 미치는 영향에 관한 가장 충격적인 데이터는 조리용 불에서 나는 연기에 사람들이 더 자주 노출되는 발전도상국에서 나오고 있다. 다음과 같은 위험 요인들에 관심을 기울여서 건강을 지키도록 하자.

- **일산화탄소** 가스나 나무 같은 연료들이 연소하는 과정에서 발생하며, 치명적이라는 사실은 널리 알려져 있다. 모든 집에 표준 관행으로서 일산화탄소 탐지기가 설치되어야 한다. 하지만 난로나 조리용 불에서 나오는 저농도 일산화탄소는 탐지기가 잡아내지 못할 수도 있다. 소량의 일산화탄소는 크게 해롭지 않지만, 현기증이나 기억 상실을 초래할 수는 있다.
- **미세먼지와 초미세먼지** 촛불, 벽난로, 요리, 실내 흡연 등에서 발생한다. 아니면 자동차나 생산 시설 같은 외부 발생원에서 배출되어 집 안으로 들어오기도 한다. 알레르기 비슷한 증상들과 호흡곤란을 유발한다.
- **휘발성 유기화합물(VOCs)** 건축 자재, 가구, 직물과 페인트, 니스, 세제, 화장품 같은 가정 내 여러 물질에서 자주 거듭해서 방출되는 가스들이다. 단기적으로는 구역질, 피로, 인후염을 일으킨다. 장기간 노출될 경우 좀 더 심각한 호흡 계통 염증과 신장 및 간 손상을 유발한다.
- **라돈** 자연 발생하는 가스로, 집 안팎에 존재한다. 호흡곤란, 기침, 가슴 압박감, 목쉼, 삼킴곤란을 일으킬 수 있다. 흡연에 이어 제

세제 점검하기

유해한 휘발성 유기화합물을 포함하고 있는 것이 많다. 해로운 화학물질 같은 냄새가 난다면, 실제로 그럴 것이다.

감지기 설치하기

일산화탄소는 장작불 같은 연소 과정에서 발생하니까, 반드시 일산화탄소 감지기를 가동하자.

공기 질 감시 장치 이용하기

여러 가지가 나와 있으니, 검색해서 필요와 예산에 맞는 것을 찾자.

2위의 폐암 유발 물질이기도 하다. 모든 지역에서 문제가 되는 것은 아니니, 혹시 집 주변에 존재하는지 라돈 지도를 찾아서 확인하자.

- **이산화탄소** 인간(의 활동)이 주요 발생원이고, 환기 불량이 상황을 악화시킨다. 농도가 낮아도(1,000ppm) 인지 기능과 판단 능력에 악영향을 미칠 수 있다.
- **브롬화 방화재** 가전, 직물, 가구를 비롯한 여러 가정용 제품들의 화재를 줄이는 데 사용된다. 호르몬과 신경 발달(뇌의 정상 작동을 돕는 신경 전달 경로의 발달)에 영향을 미친다.
- **온도와 습도** 난방과 환기 불량이 공기 질 악화의 원흉이다. 조절이 잘못되면 눈 염증과 피부 발진을, 그리고 심할 경우 천식 발작을 일으킬 수 있다. 습도가 너무 높고 환기가 안 되면 곰팡이가 번식할 최적의 환경이 조성된다.

점점 더 인기를 얻고 있는 세 번째 선택지는 공기 질 감시 장치를 이용하는 것이다. 가정용 감시 장치가 많이 나와 있지만, 어느 것도 공기 오염원 모두를 잡아내지는 못한다. 그래도 우선순위와 찾아내고 싶은 유해 물질을 고려해서, 예산에 맞는 최상의 선택지를 고르는 것은 의미가 있다.

그런 기술에 투자할 마음이 안 난다면, 이어지는 절들에서 집 안 공기 질 개선을 위해 할 수 있는 많은 일들을 확인해보자.

72 | 동네 공기 질 파악하기

우리는 깨끗한 공기가 흘러들어와 오염 물질들을 집 밖으로 쫓아내기를 기대하며 창문을 연다. 그런데 도로나 다른 오염원으로부터 얼마나 떨어져 있느냐가 집 안 공기에 크게 영향을 미친다. 연구들에 따르면, 도로에서 50미터 떨어진 곳에 살면 공기 오염 수준을 절반으로 낮출 수 있다고 한다. 또, 자동차로 인한 오염은 도로에서 200~300미터 떨어진 곳이나 건물의 6~7층 이상에서는 탐지조차 되지 않는다고 한다.

오염 수준은, 도시부터 외딴 시골에 이르기까지, 어디에 사느냐에 따라 크게 달라진다. 집 주위의 대기오염 수준을 알아내는 한 가지 방법은 거주지 행정 관청이나 의회에서 지난해에 공표한 대기 질 관련 통계가 있는지 확인하는 것이다. 거주지 공기 질을 알려주는 앱이나 웹사이트 같은 유용한 온라인 정보원을 찾아보라. 특정한 유형의 오염 물질이 특히 염려스러울 경우, 거주지의 그 오염물 방출 수준을 이들 정보원에서 확인할 수 있을 때가 많다. 예컨대 가스, 석탄, 휘발유 같은 화석연료의 연소 과정에서 방출되어 기관지 계통 질환을 일으키는 것으로 알려진 이산화질소 배출량을 확인할 수 있을 터이다.

붐비는 도로 부근처럼 오염이 심한 지역에 산다면, 공기청정기를 사용하고 되도록 밤이나 교통량이 적은 러시아워 이외 시간에만 창문을 여는 것을 고려해보라. 가능하다면, 집 앞에 산울타리를 칠 수도 있겠다. 한 연구에 따르면, 너도밤나무 산울타리가 일산화탄소와 이산화질소를 막아줄 뿐 아니라, 입자성 물질도 최대 50퍼센트까지 줄여준다고 한다.

만일 거주지 대기 질이 좋다면, 계절 불문하고 적어도 하루에 한 번 창문들을 열어서 집 전체를 환기시키자. 환기는 탁한 공기를 몰아내고 습도를 적절히 유지하는 것은 물론, 집중력과 활력을 키우는 데에도 도움이 될 것이다.

도로나 다른 오염원으로부터 얼마나 떨어져 있느냐가 집 안 공기에 큰 영향을 미칠 수 있다.

창문을 열자
사는 지역의 공기 질이
좋다면, 적어도 하루에
한 번 창문들을 열어서 퀴퀴한
공기를 몰아내고 습도를
적절히 유지하자.

환기팬 설치
환기팬은 공기를
재순환시키기보다
밖으로 빼내고 싶을 때
안성맞춤이다.

73 | 공기청정기 사용하기

깨끗한 공기는 건강과 웰빙에 정말 중요하고, 건강한 가정 만들기에 꼭 필요하다. 실내 오염이 걱정된다면, 몇 가지 시도해볼 만한 공기 정화 방법이 있다. 나쁜 냄새, 습기, 휘발성 유기화합물을 걸러서 폐를 건강하게 하는 데 도움이 될 방법들을 소개한다.

오래된 집들에서는 흔히 자연 환기를 통해 신선한 공기를 순환시킨다. 건물 내 기압차를 이용해 작은 틈새나 통풍창, 굴뚝을 통해 공기 흐름을 만들어내는 방식이다. 에너지 효율을 위해 기밀성을 추구하는 경향이 있는 현대식 주택에서는 자연 환기가 항상 가능하지는 않기 때문에, 공기를 순환시키는 다른 방법을 고려할 필요가 있다.

기계식 환기 시스템에서는 덕트와 팬을 이용해서 낡은 공기를 뽑아내고 깨끗하고 신선한 공기를 보충한다. 전형적인 예가 환기팬인데, 욕실이나 부엌처럼 습도가 상대적으로 높은 공간에서 사용하기 적합하다.

좋은 환기 시스템은 비쌀 수 있지만, 방 안 공기질을 개선해줄 뿐 아니라 돈도 절약해준다는 점에

방 안 공기 질이 나쁘면?
눈이나 목이 아프면, 이동식 공기청정기를 이용해 미세 입자와 유해 물질을 제거하자.

24시간 작동 환풍기
타이머로 가동하는 것보다 더 조용하고 더 효율적이다.

요리와 청소
한 연구에서 요리와 청소 직후에 창문을 열고서 15분, 30분 뒤에 실내 공기 질을 측정해보았더니, 유해 입자들이 희석되지 않은 채로 벽과 물체 표면에 달라붙어 있었다. 기계식 환기의 필요성을 보여주는 연구 결과라 하겠다.

서 투자 가치가 있다. 습기를 오랫동안 방치하면 벽, 천장, 가구가 손상될 수 있다는 점을 생각해보라.

대기 질이 나쁜 지역에서 산다면 공기청정기부터 장만해야 한다. 다양한 크기, 에너지 효율 등급, 가격대의 상품이 시중에 나와 있으니 알맞은 것을 찾아보라.

• **전 가정 열 회수 시스템** 욕실이나 부엌처럼 물을 쓰는 방에서 퀴퀴하고 습기 찬 공기를 뽑아내 열을 추출한 다음에, 그 열로 신선한 공기를 데워서 방으로 흘려보내는 시스템이다. 신선한 공기는 필터를 통과한 후 집 안 곳곳으로 주입된다. 더운 계절에 집

안을 시원하게 하는 데에도 사용된다. 설치 비용이 높고 덕트 시설도 잘 갖추어져야 하지만 아주 효율적이다.

• **이동식 또는 스탠드형 공기정화기** 플러그를 꽂은 뒤 집 안 여기저기로 옮기면서 다양한 냄새, 가스, 공기 중 미세 유해 입자들을 정화하는 데 쓴다. 대개가 고효율 미립자 공기(HEPA) 필터를 사용해 공기를 정화한다. 크기가 상대적으로 작은 이 장치는 세입자 또는 난방 시스템 전체를 개조할 형편이 못 되는 사람에게 적합하다. 저소음 기능을 갖춘 것을 골라 침실에 두면, 수면 중에 호흡하는 공기의 질을 개선할 수 있을 것이다.

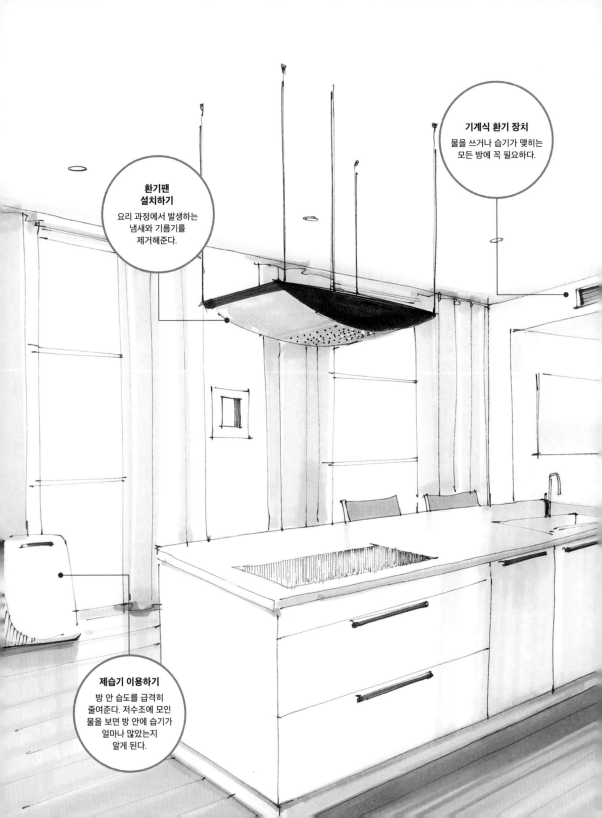

기계식 환기 장치
물을 쓰거나 습기가 맺히는
모든 방에 꼭 필요하다.

**환기팬
설치하기**
요리 과정에서 발생하는
냄새와 기름기를
제거해준다.

제습기 이용하기
방 안 습도를 급격히
줄여준다. 저수조에 모인
물을 보면 방 안에 습기가
얼마나 많았는지
알게 된다.

74 | 습기와 곰팡이 예방하기

집에 곰팡이가 피면 보기 안 좋을 뿐 아니라 건강 문제를 일으킬 수도 있다. 실제로 세계보건기구에서는 곰팡이를 "미생물 오염"이라고 부른다.

문제는 어떻게 예방하느냐다. 우선 곰팡이가 왜 생기고 어디에 생기는지부터 보자. 간단히 말해서, 습기와 곰팡이는 집 안 습도가 너무 높아서 생긴다. 이런 현상을 일으키는 요인은 다양하다. 새는 지붕, 깨진 수도관, 망가진 창틀, 막힌 물받이, 땅속에서 벽으로 스며든 습기, 신축 가옥에서 마르고 있는 새로 바른 축축한 회반죽, 심지어 라디에이터 위에 말리려고 널어놓은 젖은 세탁물까지.

곰팡이는 습한 환경에서 번식하고 환기나 난방, 단열이 잘 안 될 때 심해진다. 보온을 위해 창문들을 닫아두는 겨울에 곰팡이가 곧잘 확 피는 것도 그 때문이다. 환기가 안 되면 공기가 탁해지고 습해져서 실내에 물방울이 맺히기 쉽고, 그러면 곰팡이가 생겨난다.

pp.148~149의 환기 방법들과 더불어, 습기와 곰팡이 같은 미생물 오염을 예방하기 위해 시도해볼 만한 몇 가지 일들을 소개한다.

- 샤워를 하거나 뜨겁고 김이 많이 나는 요리를 할 때 **창문 열기.**
- 창문에 **개량형 환기구 달기.**
- 예컨대 막힌 물받이나 깨진 홈통 같은 **습기 공급원 수리하기.**
- 습도를 급격히 낮춰주는 **제습기 구입하기.** 불과 한 시간 정도에 얼마나 많은 습기를 빨아들이는지를 보면 깜짝 놀랄 것이다.
- **실외에서 세탁물 말리기.** 아니면, 에너지 효율이 좋은 건조기를 사용하자.
- 먼지가 꽉 찬 부엌 환기팬 **수리, 교체 또는 청소하기.**
- **24시간 작동 환풍기 설치하기.** 아주 효과적이고 에너지 효율적일 수 있다. 꼭 소음이 적은 모델을 고르자.

곰팡이가 이미 피기 시작했다면, 유독성 화학물질을 쓰지 않고 자연스럽게 제거하는 여러 가지 방법이 있다.(pp.156~157 참조)

습기와 곰팡이가 건강에 미치는 영향

연구에 따르면, 습기와 곰팡이가 있을 때 호흡기와 천식 관련 질환이 30~50퍼센트 증가하며, 유럽과 캐나다, 미국의 건물들 가운데 20퍼센트가 한 가지 이상의 습기 조짐을 보이는 것으로 밝혀졌다.

75 | 먼지와 진드기 제거하기

먼지, 무엇부터 손대야 할까? 선반과 서랍장 먼지를 닦았는데 다음 날 보니 얇은 회색의 솜털 같은 먼지 층이 다시 생겨났다. 먼지는 온갖 이유로 생기고, 쌓이면 지저분해 보일 뿐 아니라 알레르기로 고통을 겪는 사람들에게 큰 불편을 끼칠 때가 많다.

집먼지진드기는 집 먼지 속에서 발견되는 작은 생물로 알레르기 반응의 가장 큰 원인 가운데 하나로 꼽히는데, 쌕쌕거림, 눈 염증, 가려움 같은 증상을 유발하기도 한다. 다행히 집 먼지를 줄여서 좋아하는 공간에서 편안하게 지낼 수 있는 방법이 많이 있다.

혹시 집먼지진드기 알레르기로 고생한다면, 가능한 곳마다 카펫 대신 딱딱한 바닥을 깔아보라. 집먼지진드기가 카펫에 매여 사는 경향이 있는 데다, 단단한 표면은 청소하기도 더 쉽다. 이미 있는 카펫을 그대로 두고 싶다면, 헤파(HEPA) 필터로 먼지를 더 잘 빨아들이는 진공청소기를 사서 규칙적으로 청소를 하라.

먼지를 다스리는 또 다른 방법은 쿠션 커버, 침대보, 담요, 반려동물 침구류를 정기적으로 고온 세탁해서 고약한 벌레들을 제거하는 것이다.

물건 표면을 청소할 때 젖은 천을 쓰면 먼지가 날려서 공기 중에 떠도는 일을 줄일 수 있다. 또, 집먼지진드기는 습한 환경에서 잘 번식하니까 습도를 50퍼센트 이하로 유지하자.(p.151 참조)

마지막으로, 가림막이나 커튼 대신에 롤러 블라인드를 치는 것을 고려해보라. 더러움을 덜 타고 청소하기도 더 쉬우며, 직물에 둥지를 트는 집먼지진드기도 예방할 수 있다. 이 조언들을 잘 따르면 효과를 확실히 볼 수 있을 것이다.

젖은 천을 쓰면 먼지가 날려서 공기 중에 떠도는 일을 줄일 수 있다.

먼지 퇴치법

러그를 깐 딱딱한 바닥이 온 바닥에 카펫을 깐 방보다 청소하기 쉽다.

먼지를 더 잘 빨아들이는 헤파 필터를 장착한 진공청소기를 고르자.

롤러 블라인드는 청소하기 쉽고 집먼지진드기의 침입을 막는 데에도 좋다.

주의해야 할
페인트 성분들
이산화타이타늄,
아크릴, 합성 또는 석유화학
기반 성분, 솔벤트,
동물성 제품

76 | 천연 또는 친환경 페인트 고르기

이사하거나 리프레시 휴가를 마친 후에 페인트를 새로 칠하는 것은 집 안 공기 질 문제를 일으킬 우려가 큰 요인 가운데 하나이다. 따라서 건강에 더 좋은 선택지를 알아두는 것이 좋다.

페인트를 살 때에는 성분 표시 확인이 내용물을 아는 데 도움이 된다.

석유화학제품들로 만든 재래식(그리고 흔히 더 싼) 페인트는 칠하기 편하고 오래가지만, 부작용이 따른다. 흔히 화학물질을 포함하고 있어서, 건조 과정에서 가스를 방출해 유해 입자들을 공기 중에 퍼뜨린다.

에멀션 페인트가 대체로 휘발성 유기화합물(VOC)을 덜 함유하고 있다지만, 유성 광택 또는 저광택 제품이라면 문제를 일으킬 수 있다. 이사를 했는데 방에서 새 페인트칠 냄새가 강하게 난다면, VOCs를 방출하고 있는 것이다. 이를 제거하려면 환기를 제대로 하고, 활성탄이나 베이킹소다를 담은 접시를 방 안 곳곳에 놓아 밤새 냄새를 흡수하게 하라.

다행히, 유해 물질을 극히 적게 내거나 전혀 내지 않는 친환경 페인트들이 시중에 점점 더 많이 공급되고 있다. 가정 내 독성 물질을 줄이는 데 정말 좋고, 특히 환기 시설이 상대적으로 덜 갖추어진 침실 같은 공간에 유용하다. 친환경 인증 표시인 '제로 VOC' 라벨이 붙은 것을 찾아서 이용하라.

그 밖의 좋은 선택지들:

• **황토 페인트** 통기성과 통습성이 뛰어나다. 옛날식 집에 잘 어울린다.

• **카세인 페인트** 우유 단백질과 흰 석회로 만든다. 역시 옛날식 집에 어울린다.

• **미네랄 페인트** 순수한 규산칼륨이나 규산나트륨을 포함하고 있다. 내구성이 아주 뛰어나고, 역사 건축물에 자주 사용된다.

가구 점검하기
가구와 직물류 중에는
VOC 포함 마감재가
들어 있어서 사용 초기
몇 년 동안 유해 가스를
방출하는 것이 많다.

매트리스 거풍하기
새 매트리스를 사면,
사용 전에 하루 동안 환기가
잘되는 곳에 두고
바람을 쏘이라.

**친환경
인증 제품 찾기**
그 제품이 엄격한 화학물질
배출 기준을 충족했다는
것을 뜻한다.

77 유독 물질 없는 미래를 향하여

예컨대 가구나 직물류 같은 다공성(多孔性) 가정용품 가운데 상당수가 휘발성 유기화합물(VOC)을 흡수하거나, 방염 가공 같은 유독성 마감재 처리를 거쳤을 가능성이 있다. 사용 초기의 몇 년 동안, 이들은 페인트처럼 유해 가스를 방출해서 알레르기 반응을 부추기고, 장기간 노출될 경우 염증과 심각한 건강 문제까지 유발할 수 있다.

유해 물질을 함유하고 있을 가능성이 있는 가정용 가구와 세간살이는 안락의자, 매트리스, 소파, 카펫, 그리고 집성목(MDF)으로 만든 모든 가구이다. 가장 널리 사용되는 독성 물질은 포름알데히드(페인트와 접착제), 방염 재료, 벤젠(가구 가공), 톨루엔(폼 매트리스), 페닐사이클로헥산(카펫)이다. 가끔은 포장을 열었을 때 나는 독특한 '신상품' 냄새에서 이들의 존재를 확인하기도 한다. 물론

아무 냄새도 안 나고 탐지하기 어려울 수도 있다. 실내에 실외의 2~5배나 되는 VOC가 존재할 수 있는 것도 그 때문이다.

고맙게도, 실내 독성 물질에 노출되는 일을 줄이고 공기 질을 개선할 수 있는 방법이 몇 가지 있다. 우선, 환기 장치를 늘리면 모든 종류의 집 안 VOC를 제거하는 데 도움이 된다.(pp.148~149 참조) 신상품을 살 때는 '저(低)-' 또는 '무(無)-' VOC 제품을 고르자. 아니면, 친환경(그린가드, Greenguard) 인증을 받은 것을 찾자. 친환경 인증은 엄격한 화학물질 배출 기준을 충족했다는 것을 뜻한다. 아니면, 진공청소기를 이용해 정기적으로 독성 물질을 빨아들여 제거하는 것도 대안이 될 수 있겠다.

이들 모두가 불가능하다면, 제품이 집에 도착했을 때 포장 상자에서 꺼내서 바깥의 그늘 아래나 환기가 잘되는 방 안에 두고 적어도 24시간 동안 바람을 쏘이자.

중고품을 이용해보자

중고품들은 함유된 독성 물질을 이미 대부분 방출했을 것이다. 질 좋고 독특한 중고, 앤티크, 빈티지 또는 레트로 가구들이 많이 있다. 단, 유효한 화재 안전 라벨이 붙었는지 꼭 확인하자.

78 | 무독성 세제 사용하기

아무리 정신없이 바쁘게 살아가더라도 집 안 청소는 역시 최우선이다. 청소하면 겉보기에 깔끔할 뿐 아니라, 먼지와 알레르기 유발 요인도 제거할 수 있어서 건강에도 여러모로 이롭다. 그런데 안타깝게도 가정용 일반 세제 중 상당수가 유해 물질을 포함하고 있어서, 장기간 사용할 경우 심각한 건강 문제를 일으킬 수 있다.

집을 가족 모두가 건강과 안전을 누릴 수 있는 곳으로 만들려면 써야 할 제품과 피해야 할 제품이 있다. 우선, 아무리 향기가 깨끗한 가정을 연상시키더라도, 표백제는 아주 위험할 수 있다. 암모니아 같은

화학물질이 섞여 있다면 더더욱 그렇다. 표백제는 폐, 피부, 눈을 헐게 하는 염소를 포함하고 있어서 두통, 시야 흐림, 메스꺼움, 근육 약화 등을 일으킬 수 있다. 잘 안 지는 얼룩에는 베이킹소다와 화이트

체크해야 할 것들
피해야 할 가장 흔한 화학물질은 표백제, 포름알데히드, 부톡시에탄올이다.

식초를 써보자.(설거지에 쓰면 천연 미백제 역할을 하기도 한다.)

피해야 할 가장 흔한 화학물질로는 강력 세제에서 발견되는 유명한 발암 물질이자 휘발성 유기화합물인 포름알데히드와, 다용도 세제에서 달콤한 향을 내는 부톡시에탄올이 있다. 둘 다 인체에 해로울 수 있다.

천연 세제는 오염도 훨씬 덜 일으키고, 자극 성분도 덜 들어 있다. 효과 높은 천연 세제들이 시중에 나와 있는데, 그중에는 사용하는 동안 아로마세라피를 받는 느낌을 주는 것도 있다.

나만의 세제를 만들어 쓸 수도 있겠다. 화이트 식초, 베이킹소다, 포도씨 기름, 유칼립투스 기름, 에

오염도 훨씬 덜하고
자극 성분도 덜 들어 있는
천연 세제를 쓰자.

────────────

센셜 오일, 오렌지나 레몬 같은 감귤류 과일의 기름이나 주스를 조합하면 가정용품 대부분을 세정할 수 있다. 나만의 조합으로 좋아하는 향기가 나는 천연 세제를 만들어서 재활용 가능한 스프레이 용기에 담아두자. 카스티야 비누(castile soap)도 찾아보라. 이 비누는 완전 무독성이라 목욕용으로 쓸 수 있다.

**나만의
천연 세제 만들기**
좋아하는 향기를 담은
나만의 천연 세제를 만들어서,
언제든 쓸 수 있게 재활용
가능한 스프레이 용기에
담아두자.

79 | 천연향 이용하기

인간은 놀랄 만큼 정교한 후각을 가지고 있다. 향기에 대한 반응은 제각각이라, 집 안에 향기를 들일 때에는 함께 사는 한 사람 한 사람을 고려하는 것이 정말로 중요하다. 선호도와 내성이 사람마다 크게 다를 수 있기 때문이다.

스프레이, 분무기, 향초 등을 이용하면 다양한 향기를 집 안에 들일 수 있다. 하지만 그로 인해 실내 공기 안의 휘발성 유기화합물이 늘어날 수 있다. 또 누구나 깜박거리며 타오르는 촛불이 빚어내는 분위기를 좋아하지만 안타깝게도 그로부터 초미세먼지가 방출될 수 있다.

어떤 향기 제품은 다른 것들보다 더 해롭다. 생식

기능에 문제를 일으키는 프탈레이트가 방향제 같은 가정용 향기 제품들 속에 숨어 있기 쉽다. 제품에 들어 있는 향들을 밝혀야 할 법적 의무가 없기 때문에, 성분 표시에 프탈레이트가 항상 명기되어 있는 것은 아니다. 하지만 성분 표시에 '-향'이라는 단어가 나온다면 프탈레이트가 들어 있을 가능성이 크다는 점을 알아두자.

집 안에 향기를

집 안에 향기를 들이고 싶다면 천연향을 써서 최대한 실내 공기를 깨끗하게 유지할 수 있게 하자. 각 공간에 기대하는 느낌을 고려해서 활기에는 감귤 향, 휴식에는 라벤더 향 하는 식으로 각각에 적합한 향을 고르자. 몇 가지를 제안한다.

천연 유기농산품으로 만든 룸 스프레이나 분무기를 사용하자. 아니면, 직접 만들어 쓰자.

마른 천연 향기 식물을 취향에 따라 섞어서 나만의 포푸리를 만들자.

감귤류 과일과 향신료를 냄비에 넣고 뭉근하게 끓여서 따뜻한 아로마를 만들자.

향기 식물을 실내에서 기르자. 예: 재스민, 치자나무, 향기 제라늄, 베고니아, 라벤더, 향기 난초, 팬지난초, 마다가스카르재스민, 파피라케우스수선화

향초와 꽃들을 물에 담거나 말려서 거는 방식으로 디스플레이하자.

초음파 아로마 디퓨저를 이용하자. 물과 에센셜 오일을 첨가해 은은하게 떠도는 향을 즐기자.

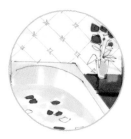

향기 나는 잎들을 물그릇에 띄워서 천연 방향제를 만들자. 시각적으로도 흥미롭다.

80 계절성 알레르기 관리

대기오염, 이산화탄소 배출량 증가, 기온 상승으로 계절성 알레르기 환자가 계속 늘어나면서 많은 사람들이 고통을 겪고 있다. 이번 장의 제안들 중 상당수가 알레르기 유발 환경을 개선하고, 스트레스를 줄여 숙면을 취하는 데 도움이 될 테지만, 알레르기 증후군을 피하기 위해 할 수 있는 일이 더 있다.

알레르기 반응을 최소한으로 억제하고 더 건강한 가정을 만드는 첫걸음은, 무엇이 알레르기를 유발하는지 아는 것이다. 알레르기 일지를 써서 언제 알레르기가 유발되는지 알아내자.

일 년 중 특정한 시기에 증상이 악화된다면, 꽃가루나 곰팡이가 신체 반응을 유발하는지 아닌지를 알게 될 것이다. 예컨대 유발 요인들의 시기별 분포가 다음과 같다고 하자.

3월~6월: 나무 꽃가루
6월~8·9월: 풀 꽃가루
8월~10월: 잡초 꽃가루
가을: 실외 곰팡이

꽃가루는 오전 5시~10시와 해 질 녘에 가장 많아진다. 따라서 알레르기 반응을 유발하는 꽃가루를 알아냈다면, 그 꽃가루가 가장 많아지는 달의 이들 시간대에 실외 운동을 피하고, 창문을 닫고, 빨래를 밖에 널지 말아야 할 것이다. 알레르기 반응의 원인을 안다는 것은 역으로, 그 유발 요인들이 가장 적은 때에 밖으로 나가 자연을 누리고 신선한 공기를 즐길 수 있다는 것을 뜻한다.

실내외 공기 오염이 알레르기성 천식을 유발할 수 있으며, 세계 인구의 10~30퍼센트가 알레르기성 비염으로 고통을 겪고 있다.

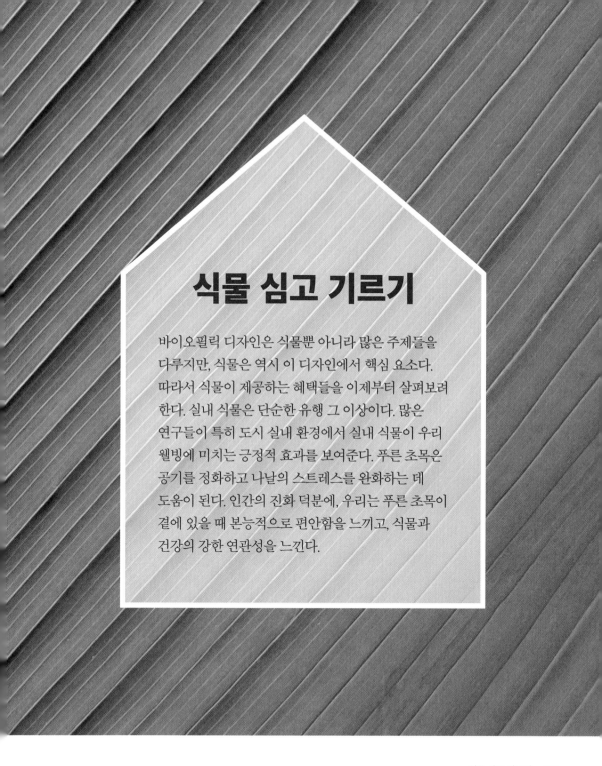

식물 심고 기르기

바이오필릭 디자인은 식물뿐 아니라 많은 주제들을 다루지만, 식물은 역시 이 디자인에서 핵심 요소다. 따라서 식물이 제공하는 혜택들을 이제부터 살펴보려 한다. 실내 식물은 단순한 유행 그 이상이다. 많은 연구들이 특히 도시 실내 환경에서 실내 식물이 우리 웰빙에 미치는 긍정적 효과를 보여준다. 푸른 초목은 공기를 정화하고 나날의 스트레스를 완화하는 데 도움이 된다. 인간의 진화 덕분에, 우리는 푸른 초목이 곁에 있을 때 본능적으로 편안함을 느끼고, 식물과 건강의 강한 연관성을 느낀다.

81 | 식물 돌보기

실내 식물 돌보는 일이 까다로울 것 같다고 걱정들을 한다. 하지만 우리의 활력, 생산성, 창의성을 북돋아주는 식물들을 잘 돌보고, 그 답례로 웰빙이라는 선물을 받는 방법은 충분히 배워볼 만한 것 아닐까?

실내 식물들이 일 년 내내 싱싱하게, 우리 곁에서 활기차게 자라도록 하는 최고의 요령 몇 가지를 소개한다. 당신의 도움으로 평생을 무럭무럭 자라는 반려식물에게 애착을 느끼게 되더라도 놀라지 마시라!

무엇보다도, 실내 식물 대부분이 적도 지방에서 왔고, 그래서 겹겹의 나뭇잎으로 그늘진 정글 바닥에서 살아가는 데 익숙하다는 점을 기억해야 한다. 이것은 지붕이 있어 그늘이 생긴 따뜻한 집과 비슷한 환경이고, 따라서 그들은 실내에서 아주 행복할 수 있다. 만일 식물 돌보기에 서툴러서 엄두가 잘 안

난다면, 손이 덜 가는 선인장이나 다육식물부터 시작해보자.

물 줄 때를 기억하기 힘들면, 일과표에 시간을 정해두고 매주 돌아가며 그에 맞춰 각각에 물을 주는 방법도 생각해볼 만하다. 휴대폰에 알림을 설정하면 습관을 들이는 데 도움이 된다. 아예 물 주기 일정표를 만들고 매주 당번을 지정할 수도 있겠다. 식물 돌보기에 모든 사람을 참여시키는 좋은 방법이다. 직접 물을 주기가 힘들 경우, 화분 자동 급수기를 사서 쓸 수도 있을 터이다.

받침을 빼내서 뿌리가 마를 수 있게 해야 한다. 화분 습도계를 쓰면 흙의 습도가 적절한지를 아는 데 도움이 된다. 아니면, 손가락 끝을 화분 흙에 2센티미터쯤 찔러 넣어보라. 마른 감촉이 들면 물을 주고, 물기가 좀 남아 있으면 다음번에 다시 확인하면 된다. 죽은 잎은 다 떼어내서 식물이 에너지를 낭비하지 않게 해주어야 한다. 그러면 성장도 촉진된다.

식물을 잘 살펴보면 환경이 적절한지 쉽게 알 수 있다. 무엇이든 너무 많거나 너무 적으면 생기 잃은 모습을 보이기 시작한다. 그러니 혹시 고통의 조짐이 보이지는 않는지 잘 지켜보자. 햇빛이 부족하면 잎들이 누레지거나 떨어지고, 잎의 발육이 부진해지거나(새잎이 덜 나고 평소보다 작게 자란다), 빛을 받으려고 애쓰느라 줄기가 웃자랄 수 있다. 무늬 잎(한 가지 이상의 색을 가진 잎)이 순전한 녹색으로 바뀌거나, 밝은 녹색이 흐릿해지거나 갈색으로 변하기도 한다. 그럴 때에는 화분을 방 안의 햇빛이 더 잘 드는 곳이나 남향 방으로 옮기자. 직사광선을 너무 많이 받거나 수분이 부족하면 잎이 마르거나 갈변할 수 있다. 일종의 균형 잡기 행동이다! 확신이 안 들면, 식물이 선호하는 것과 식물의 원산지를 조사해보라. 아마 상황이 명료해질 것이다.

식물이 살아가려면 물이 필요하지만, 너무 많아도 문제가 된다. 식물 뿌리를 축축한 채로 너무 오래 방치하면 뿌리가 썩고 잎이 누레질 수 있다. 뿌리가 물에 잠기지 않게 하자. 화분에 배수구가 있더라도 또 다른 그릇이나 받침 안에 들어 있다면 식물이 웅덩이에 앉아 있는 꼴이기 쉽다. 그럴 경우, 그릇이나

돌봄 요령

화분 습도계 이용하기:
흙에 꽂아두면
습도를 바로 알려준다.

자동 급수기:
수분을 조금씩 흙에 공급한다.
물 주기를 자주 잊는 사람에게
안성맞춤이다.

죽은 잎 떼어내기:
그대로 두면 식물의 에너지가 낭비되니,
제거해서 잘 자랄 수 있게 하자.

82 일조량 체크하기

집의 채광 환경은 실내 식물 돌보기에서 아주 중요하다. 식물이 햇빛과 물, 이산화탄소를 받으면 광합성을 하고(다시 말해서 빛 에너지를 양분으로 바꾸고), 이어서 성장한다.

각각의 식물들마다 가장 알맞은 햇빛 조건이 다르다. 어떤 것은 직사광선을 받으면 죽고, 어떤 것은 같은 조건에서 번성한다. 선인장은 직사광을 좋아하고 물이 거의 없어도 견딜 수 있다. 그늘이 거의 없는 사막 출신이기 때문이다. 그 반면에, 예로부터 일본의 숲 바닥께에서 발견되는 엽란의 잎은 햇빛을 곧바로 받으면 말라 죽는다.

실내 식물의 자리를 잡을 때에는 주 광원으로부터의 거리가 큰 영향을 미친다. 방에 빛이 풍부하다고 생각하더라도, 정확히 어디에 어떤 식물을 둘지는 역시 식물의 요구를 고려해 결정할 필요가 있다. 식물 입장에서는 방에서 가장 그늘진 구석과 창턱 자리는 완전히 환경이 다르다. 결국은 식물에 달린 일이다.

인간의 눈은 빛을 받으면 자동으로 그에 적응하기 때문에, 우리는 채광 수준의 미묘한 차이를 알아차리기 어렵다. 광도계를 장만해서 피트촉광(foot candle)이나 럭스(lux) 단위로 빛의 세기를 정확히 재는 방안을 고려해보라. 아니면, 스마트폰에 광도계 앱을

내려받을 수도 있겠다. 준비가 되면 식물을 두고 싶은 지점을 골라 하루 중 채광 조건을 측정해서, 그곳이 몇 시간이나 햇빛을 받는지를 다른 지점들의 비교 기록과 함께 메모하자. 대부분의 실내 식물이 이상적인 수준의 10분의 1에 불과한 채광 환경을 견딜 수 있지만, 그런 조건에서 잘 자라지는 못할 것이다. 이런 기계 장치의 도움이 없다면, 매사가 시행착오 문제에 가까울 터이다. 적합하다고 생각되는 지점을 골라서 실제로 식물을 그곳에 두면, 식물이 머잖아 실험 결과를 몸으로 알리는 식의!

> **식물에겐 얼마나 많은 빛이 필요한가?**
> 느슨한 기준을 제시하자면
> 낮은 조도 환경 식물은 500~2,500럭스,
> 중간 조도 식물은 2,500~10,000럭스,
> 높은 조도 식물은 10,000~20,000럭스,
> 아주 높은 조도 식물은
> 대략 20,000~50,000럭스의
> 빛을 필요로 한다.

낮은 조도
대부분의 실내 식물은 이상적인 범위의 10분의 1에 불과한 채광 수준을 견딜 수 있지만, 그런 환경에서 잘 자라지는 못할 것이다.

햇빛이 어떻게 드는지 보기
언제 어디에 햇빛과 그늘이 드리우는지 조사한 후에 식물 둘 자리를 결정하자.

식물 둘 자리 생각하기
많은 식물들이 창에서 떨어진, 직사광선을 안 받는 곳을 선호한다.

83 | 탁자에 실내 식물 배치하기

실내 식물을 탁자의 중앙 장식품으로 배치하는 것은 바닥 공간을 절약하고 집 안의 초점을 형성하며, 방 안 모서리들의 각진 느낌을 완화하는 훌륭한 방법이다. 식물의 매력적인 푸르른 모습이 식탁 주위로 사람들을 끌어당길 터이고, 커피 테이블이나 장식장의 분위기를 밝혀줄 것이다. 또, 성장과 계절 변화 같은 자연 시스템에 우리를 연결해줄 것이다.

꽃 대신 화분
절화(꺾은 꽃)는 교체해주어야 하지만 화분은 그럴 필요가 없다는 면이 장점이다.

사랑초 같은 식물은 햇빛 양에 따라 잎이 벌어졌다 오므라들었다 한다. 이 같은 일주리듬이 우리를 시간의 흐름에 연결해준다.

탁자용 식물은 어떤 화분, 플랜터, 용기에 담느냐에 따라 다양한 질감, 색, 패턴을 더해주기도 한다. 흙내 물씬 풍기는 오가닉 배색을 좋아한다면 소박한 천연 소재로 만든 수수한 도기나 자기 또는 돌 화분을 골라보라. 과감한 원색을 좋아한다면 약간 튀는 색들을 써보라. 전통 가옥에 살면서 미술공예 운동을 칭송하는 사람이라면 아주 장식적인 화분을 장만해보라. 아니면, 아예 거주 지역 도예가에게 다음 세대에 전할 만한 무언가를 만들어달라고 부탁할 수도 있겠다.

탁자에 둘 실내 식물은 크기도 중요하다. 혹시 시야를 가리거나 사람들 사이의 눈 맞춤, 소중한 빛을 방해하지 않을지 잘 살피자. 아니면 거꾸로, 탁자용 식물을 이용해서 공간을 분할하고 시청각적 프라이버시를 조성할 수도 있을 것이다.

84 | 바닥에 실내 식물 배치하기

바닥에 실내 식물을 배치하면 동선을 만들어내고 공간을 구획할 수 있다. 아울러, 공간들 사이의 각진 모서리와 경계를 부드럽게 감쌀 수 있다.

화분 모둠을 이용해서 방 안에 칸막이나 미니 벽을 조성하는 것이 그 본보기이다. 식물을 활용하는 쪽이 더 영구적인 칸막이, 벽, 선반 같은 구조물을 설치하는 것보다 훨씬 싸고 편리하다. 게다가, 실내 식물 칸막이 쪽이 더 유연하고 가변적이다. 실내 공간에 대한 욕구나 실내 활동의 변화에 부응할 수 있기 때문이다. 어떤 날은 재택근무 중에 집중을 위해 프라이버시가 보장되는 작은 안식처가 필요할 수 있고, 또 다른 날은 식물들을 가장자리로 옮겨서 파티

실내 공간을 구획할 때에 식물을 활용하는 쪽이 더 영구적인 구조물을 설치하는 것보다 훨씬 싸고 편리하다.

공간을 만들고 싶어질 수도 있지 않은가.

높낮이가 서로 다른 식물들을 배열하면 자연환경에서 자라는 식물들의 모습과 닮은, 더 자연스러운 분위기를 조성할 수 있다. 크기와 종류가 다양한 식물들로 모둠을 구성하고, 어떤 화분은 받침대나 스툴에 올려두는 식으로 변화를 주면 된다. 풍화된 목재 같은 천연 소재를 받침대로 쓰면 자연과 연결되는 느낌을 강화할 수 있다.

바닥에 배치할 식물들을 정할 때에는 잎의 크기와 질감을 고려하자. 이들은 다른 데 둔 식물들보다 지나가면서 손이나 다리가 스치기 쉽다. 부드럽고 잎이 풍성하고 감촉이 좋은 것들이 적절할 터이다. 다만, 쉽게 접할 수 있으니만큼, 아이들이나 반려동물이 건드려도 독성 물질을 내지 않는 것으로 골라야 한다.

식물 종류에 변화를 주라
식물의 크기와 종류가 다양하면 더 자연스러운 느낌을 준다.

**공간을 최대한
활용하라**

욕실은 대개 좁으므로,
천장 아래나 벽 주위에 식물을
매달아서 소중한
바닥 공간을 아끼자.

85 | 공중에 매달기

실내 식물을 늘어뜨리거나 공중에 매달면 방 안 분위기를 환하게 만들고 집 안에 새로운 숨결을 불어넣을 수 있다. 수직으로 자라는 식물들로 인해 열대의 울창함이 부각되고 시야가 흐릿해지면서 자연경관에서 보는 것 같은 신비감과 더불어 호기심과 모험심이 우러나는, 일종의 경이로운 폭포 효과가 발생한다. 공중 재배는 정글이나 숲속에서 할 만한 경험을 집 안에서 누리게 해준다. 실내 식물들을 공중에 배치하여 생명과 녹음 가득한 공간에 풍덩 빠져보자.

실내 식물 공중 매달기는 멋져 보일 뿐 아니라 실용적이기도 하다. 공간이 비좁을 때 가구들 사이의 소중한 바닥 공간을 절약해주기 때문이다. 높은 선반이나 행잉 플랜터에 식물을 배치하면 위를 더 자주 바라보게 되고, 그러다보면 마치 공간이 확장된 것 같은 느낌이 든다. 단, 쉽게 손이 닿을 수 있는 곳에 매달아서 규칙적으로 물을 주고 돌볼 수 있게 하는 것이 좋다.

화분에 담긴 식물을 매달 때에는 마크라메 행거를 이용해보자. 레일이나 갈고리에 쉽게 걸 수 있을 뿐 아니라, 집 안에 질감과 장식을 더하는 데 제격이다. 뭔가 만들고 싶어서 손이 근질거린다면 고케다마(이끼 공을 뜻하는 일본어) 만드는 법을 알아보라. 진흙으로 식물 뿌리를 감싸 공처럼 만든 뒤 겉에 이끼를 입히고 모양이 유지되게 줄로(방수 되는 삼실이 가장 좋다) 묶으면 된다. 만들고서 보면 너무 만족스럽다. 천연의 생명 친화적 속성도 그렇고, 무리 지어 매달린 모습이 정말로 근사하다. 마크라메 행거와 고케다마 만드는 법은 온라인에서 검색해보면 찾을 수 있다.

**공중 재배는
정글이나 숲속 생활에서 할 만한 경험을
집 안에서 누리게 해준다.**

86 | 미니 녹색 벽 만들기

녹색 벽은 식물을 집에 들이는 멋진 방법으로서 점점 더 인기를 끌고 있다. 공중에서 내려뜨린 식물들처럼, 바닥 공간을 차지하지 않으면서 푸르른 모습으로 사람을 반겨준다. 게다가 소음까지 흡수해주니 아파트에 살거나 시끄러운 이웃을 둔 경우에 이상적이다.

초록 식물들이 촘촘하게 모여 있는 녹색 벽은 식물 특유의 이산화탄소와 휘발성 유기화합물, 벤젠, 포름알데히드 같은 독성 물질 흡수 능력으로 공기 질을 개선해준다. 어떤 식물을 포함시키느냐에 따라 차이는 있겠지만, 공기 질을 개선하는 최상의 방법 가운데 하나다.

상업용 녹색 벽 시스템은 물 주기와 배수를 필요로 하지만, 가정용으로 나온 자급 시스템을 사면 된다. 이 시스템은 설치가 전혀 까다롭지 않고 사용하기도 쉽다. 그냥 벽에 설치하고 원하는 식물들을 앉힌 다음에, 가끔 저수조에 물을 가득 채워주기만 하면 된다. 설치 장소를 정할 때에는 반드시 자연광 수준을 고려해서, 그 환경에서 가장 잘 살아갈 식물을 고르자.

아니면, 펠트 포켓 벽걸이 플랜터로 녹색 벽을 꾸밀 수도 있다. 다양한 모양이나 배색을 시험해보기에 아주 좋다. 다만, 급수를 위한 저수 시스템이 없어서 습도 조절을 흙과 펠트의 수분 보존 능력에 의존할 수밖에 없으므로, 더 세심하게 관리할 필요가 있다.

소음을 흡수하는 녹색 벽은 아파트에 살거나 시끄러운 이웃을 둔 경우에 이상적이다.

녹색 벽 설치하기
촘촘하게 모여 있는 초록 식물들이 이산화탄소와 실내 독성 물질을 흡수해준다.

수경 재배

식물 관리에 손은 덜
쓰면서도 보상은 쉽게
얻기를 바랄 때
선택할 만한
멋진 방법이다.

87 | 수경 재배 시스템

수경 재배 시스템은 흙 없이 인공조명으로 식물을 키우는 혁신적인 기술이다. 알다시피 식물이 살아가려면 양분과 물이 필요하고, 대부분의 식물은 그것들을 흙에서 얻는다. 수경 재배에서는 흙 대신 물에 양분을 녹여 넣는다. 식물들은 각자의 요구에 맞춰 수소 이온 농도(pH)를 완벽하게 조절한 물에 든 풍부한 영양분을 분무로, 아니면 물에 잠기거나 뜬 상태로 공급받는다. 수경 재배에서는 자연광 부족을 걱정하는 일이 없도록 통합 인공조명 시스템을 사용하는 것이 보통이다.

정원이 좁거나 아예 없는 환경에서도 채소를 직접 기르려는 사람이 늘어남에 따라, 다양한 가정용 수경 재배 시스템이 출시되고 있다. 그중에서도 인기가 높은 것은 깔끔하고 연중 재배가 가능한 장치들이다. 무엇보다도, 식물 관리에 손을 덜 쓰면서도 보상은 쉽게 얻기를 바랄 때 수경 재배는 훌륭한 선택지가 될 수 있다. 수경 재배 시스템은 식물이 무럭무럭 자랄 수 있는 최적의 생장 환경을 제공하고, 따라서 쉽게 빠른 결과를 얻게 해준다.

수경 재배 시스템을 이용하면 거의 모든 식물을 기를 수 있다. 단지 영양 공급 방법과 식물을 제자리에 고정하는 방식이 시스템에 따라 다를 뿐이다. 예컨대 바질 같은 작은 식물은 큰 지지 장치가 필요 없어서 유리병 안에서 기르기도 한다. 무늬접란이나 스킨답서스처럼 평소에 땅속 깊이 뿌리를 내리는 더 큰 식물들의 경우, 조명을 향해 꼿꼿이 자라게 하려면 부석(pumice stone) 또는 암면(stone wool) 배지에 꽂아주어야 할 수도 있다.

초보자라면 발품 팔 일을 상당 부분 대신해주는 수경 재배 키트를 사는 것도 괜찮다. 수동으로 장치를 직접 조작해야 하는 키트가 있는가 하면, 자동으로 식물에 물을 주고 타이머에 설정된 대로 조명을 가동하는 키트도 있다. 뒤엣것은 플러그를 전원에 꽂기만 하면 만사 오케이다.

'새끼' 식물

사랑과 돌봄 속에 작은 줄기와 뿌리가 어른 식물로 자라는 모습을 지켜보노라면 즐겁고, 보람차고, 배우는 바가 많다.

88 실내 식물 번식시키기

실내 식물 번식시키기는 식물 운송에 드는 에너지 소비(plant mile)와 이탄 기반의 배양토 사용을 줄이는 아주 좋은 방법이다.(이탄의 무분별한 채굴은 이탄 습지에 사는 식물, 곤충, 새들의 서식지를 파괴한다.) 식품 캔 같은 재사용 용기에 집에서 만든 배양토를 담고 번식시킨 식물을 심으면, 지속가능하고 비용도 안 든다. 일부를 번식용으로 잘라서 선물할 수도 있고, 같은 커뮤니티에 속한 사람들이 기른 다른 식물들과 교환할 수도 있다.

모든 실내 식물이 번식시키기에 적합한 것은 아니지만, 다행히도 그럴 수 있는 종이 많다. 조금만 기초 조사를 해보면, 어떤 종이 번식시키기에 적합하고 성공적인 번식 방법이 무엇인지 알 수 있다.

간단하고 효과적인 번식 방법은 '물꽂이'다. 먼저, 선택한 '어미' 식물에 뿌리 마디(줄기의 볼록한 부분)가 있는지 확인하자. 있다면, 줄기를 마디 아래에서 깔끔하게 잘라낸다. 이때 새로 생장하는 부분이 포

기초 조사를 조금만 하면 어떤 번식 방법이 가장 성공적일지 알 수 있다.

함되도록 하자. 어린잎이 새로 나는 부분이 생장점이 있는 곳이다. 자른 줄기를 유리컵이나 투명 용기에 넣고 뿌리가 나올 때까지 진득하게 기다리자. 창턱처럼 밝지만 직사광이 들지 않는 곳에 두고 매주 물을 갈아주면서 관찰하라. 뿌리가 1.5센티미터쯤 자라면(대개 3~4주) 화분에 심을 준비가 된 것이다.

새 식물을 화분으로 옮겨 심을 때에는 미리 적셔둔 배양토를 작은 화분 아래쪽에 깔아서 뿌리가 바닥에서 대략 2.5센티미터 되는 곳에 오게 한다. 식물이 제자리에 놓이면 뿌리 주위의 빈 공간을 좀 더 축축한 흙으로 채운다. 화분 바닥으로 물이 흘러나올 때까지 물을 듬뿍 준다. 화분에 배수공이 있으면 일이 쉬워진다. 이어서 새 식물을 그 종이 살아가기에 적합한 곳에 배치하면 끝이다.

89 | 보존 처리한 식물 활용하기

살아 있는 자연물을 집 안에 들이는 것이 최선이지만, 차선책으로 보존 처리한 식물을 사용할 수도 있다. 진짜 식물만큼 역동적이지는 못해도 자연의 패턴과 질감을 더하는 데 도움이 될뿐더러, 관리가 번거롭지 않고 오래간다.

식물의 잎이나 꽃 따위를 보존 처리한, 형태와 크기가 아주 다양한 상품이 시중에 나와 있다. 식물들은 자연 수액을 보존액으로 대체하는 과정을 거치는데, 처리를 마치면 몇 년이 지나도 싱싱함과 향과 형태를 유지할 수 있고, 가끔 먼지를 털어주는 것 말고는 따로 관리할 필요도 없어진다.

숲속 산책길에 발견한 바싹 마른 가지들로 집 안을 장식하는 것도 고려해봄직하다. 유칼립투스와 버드나무 가지를 꽃병이나 고리버들 바구니에 디스플레이하면 정말로 매력적이고 눈에 확 들어온다. 집 근처 연못에서 찾은 마른 갈대와 갈잎도 자연의 질감을 선사하고 특정한 주제를 환기시키는 디스플레이에 활용할 수 있다.

활짝 핀 꽃이 물론 아름답지만, 보존 처리한 꽃들도 그 나름의 특질과 장점을 지닌다. 이들은 오랜 세월을 견디면서 돈을 절약해주고 친밀감과 그윽한 정취를 선사한다. 책갈피에 끼워서 말리는 간단한, 하지만 가장 유명한 기법으로 꽃을 말려보라. 아니면, 꽃다발을 거꾸로 매달아둘 수도 있겠다.

이유야 충분히 짐작이 가실 텐데, 우리가 마지막으로 추천하는 것은 조화라고 부르기도 하는 플라스틱 인조 식물이다. 놀랄 만큼 사실적인 데다 종류도 끊임없이 늘어나고 있다. 다만, 만져본 사람이 인조물에 속았다는 느낌을 받아서 부정적인 평가를 할 수 있다는 점을 기억하자. 그런 일을 피하는 좋은 방법은 칸막이 너머나 높은 데처럼 손이 안 닿는 곳에만 인조 식물을 두고, 사람들이 직접 접촉할 수 있는 곳에는 진짜 식물들과 섞어 쓰는 것이다.

보존 처리 식물의 유형

건조 처리한 잎은 놀랄 만큼 관리에 손이 안 가지만 자연을 환기시키는 디스플레이다.

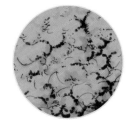

보존 처리한 이끼는 자연의 질감, 패턴, 색조를 멋지게 더해준다. 실제 식물과 인조 식물의 중간쯤 된다.

요즘 인조 식물과 꽃은 놀랄 만큼 사실적이며, 높은 선반처럼 관리하기 어려운 곳을 장식하기에 제격이다.

90 | 방마다
다른 실내 식물을

집 안을 실내 식물로 채우기로 했다면, 어디부터 시작하면 좋을까? 지금부터 십여 쪽에 걸쳐 집 안의 다양한 방에 어울리는 여러 가지 스타일과 기능의 실내 식물들을 제시해두었다. 이 제안과 조명 수준 분석 요령(p.164 참조)을 결합해서 적절한 실내 식물 조합을 고안해보자.

실내 식물의 기능과 장식성 가운데 어디에 초점을 맞출 것인가? 휴식이나 수면, 요리와 같이 특정한 방에서 이루어지는 활동을 촉진하는 식물을 고를 수도 있다. 아니면, 그냥 색, 질감, 패턴이나 동세를 공간에 더하고 싶어서 그에 적합한 식물을 찾을 수도 있다.

일단 초점을 정했다면, 어디에 실내 식물을 두고 싶은가? 기능에 초점을 맞출 경우, 허브 상자는 창턱이라는 식으로 적재적소가 있기 마련이다. 장식 관점에서 보면, 바닥에 세울 식물 모둠이나 선반에 얹을 덩굴식물, 공중에 매달 식물 또는 탁자에 놓을 식물이 필요할 수 있다. 공간이 있다면, 다 선택할 수도 있을 법하다. 심지어 녹색 벽까지 들이고 싶어질 수도 있다. 방마다 활용 가능한 공간을 잘 가늠해

> **실내 식물 둘 자리에 대한 계획을 세우면, 들여올 식물을 고르기가 훨씬 쉬워진다.**

보라. 실내 식물 둘 자리에 대한 계획을 세우면, 들여올 식물을 고르기가 훨씬 쉬워진다.

지금 당장 집 안 사진을 찍고서 어디어디에 식물이 필요한지 생각해보라. 아래의 제안들을 살펴보면 내 나름의 아이디어를 떠올리는 데 틀림없이 도움이 될 것이다.

침실 p.176 참조

라벤더 　　　 산세베리아 　　　 발레리안

주방과 식당 p.179 참조

바질

알로에 베라

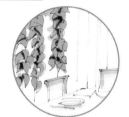

필로덴드론

욕실 p.180 참조

착생식물

난초

대나무

거실 p.183 참조

고무나무

몬스테라

드라세나

홈 오피스 p.184 참조

금전수

테라리엄

떡갈잎고무나무

91 | 침실에 식물 들이기

숙면은 정말 중요하다. 잘 자면 기력이 회복된 느낌이 들고, 생산성이 향상되고, 신체 건강과 정신적 웰빙이 증진된다. 집 안에서 잘 자랄 뿐 아니라 잠이 잘 들도록 수면을 유도하는 특성까지 갖춘 실내 식물이 많이 있다. 그중 독특한 특징을 지닌 식물 몇 가지를 소개한다.

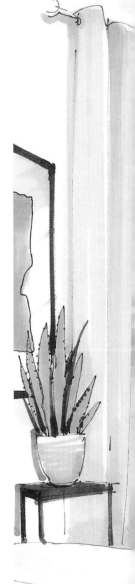

• **라벤더** 치유와 휴식을 돕는 효능으로 유명하다. 꽃에서 얻은 향유가 긴장 완화와 향기 치료를 위한 에센셜 오일에 많이 쓰인다. 방에 색감을 더해줄 뿐 아니라, 연구에 따르면 잠들기 전에 라벤더 향을 맡으면 숙면을 취하는 데 도움이 돼서 다음 날 아침에 더 활력을 느끼게 된다고 한다.

• **재스민** 역시 마음을 진정시키는 향을 내므로 향기 치료에 자주 쓰인다. 실제로, 한 연구를 통해 달콤하고 독특한 향이 진정제와 수면제로 효과적임이 입증되었다. 개화기에는 자주 물을 주고, 꽃이 없을 때에는 덜 주어야 한다.

• **발레리안** 꽃이 아름다울 뿐 아니라, 불면증으로 괴로울 때 향을 들이마시면 잠들게 되기도 한다. 대개는 입으로 복용하는 수면 보조제로 사용되고 있지만, 밤에 꽃잎들을 띄운 욕조에서 목욕하면서 향을 맡는 방법도 고려해볼 만하다.

• **알로에 베라** 다른 많은 실내 식물들과 마찬가지로, 밤에 산소를 내고 우리가 내쉬는 이산화탄소를 흡수함으로써 수면 질을 향상시키는 효능이 있어서 침실에 적합하다. 직사광 속에서 잘 자라서 밝은 창턱 자리를 좋아하는 식물이다.

• **스파티필룸** '피스 릴리(peace lily)'라는 별명이 말해주듯이, 우리를 잘 돌봐주는 식물이다. 활짝 핀 흰 꽃의 아름다움을 선사할 뿐 아니라, 밤에 우리가 잠든 동안에 알로에 베라와 마찬가지로 산소를 내서 강력한 공기 정화 능력을 발휘한다. 침실 습도를 최고 5퍼센트까지 높여서 피부건조증과 감기를 예방해주기도 한다.

• **산세베리아** 침실 식물 모둠의 또 다른 선두 주자다. 아주 튼튼해서 좀처럼 죽지 않는다. 어두운 환경을 잘 견뎌서 자연광이 안 드는 집에서 키우기에 알맞다. 밤에 산소를 배출해서 숙면을 돕고 아침에 개운한 느낌으로 깨어날 수 있게 해주므로 침실에 특히 적합하다.

실내 공기에 활기를
스파티필룸은 밤에 산소를 배출하고 습도를 높여서 피부건조증과 감기를 예방해준다.

돌보기 쉬운 식물 들이기
산세베리아는 튼튼할 뿐 아니라, 우리가 잠든 동안에 산소를 내서 침실 공기를 원상회복시킨다.

**자리 배치
궁리하기**
따뜻한 공기는 상승하므로,
상대적으로 따뜻한 기후에서
잘 자라는 허브가 높은
자리에서도 잘 자랄
터이다.

창턱 활용하기
볕바른 남향 창턱 자리는
더운 기후에서 자라는
로즈메리, 타임, 오레가노,
바질 같은 허브에
적합하다.

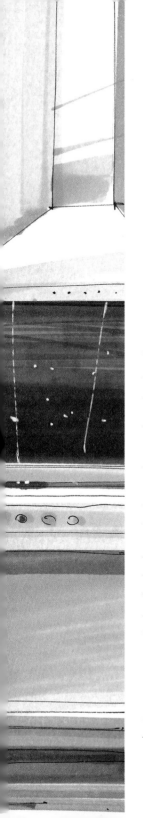

92 | 주방에 식물 들이기

정원 공간이 좁은 데다 요리할 때 허브를 바로바로 이용하고 싶다면, 허브를 주방에서 길러보자. 식용 식물을 주방에서 기르면 여러모로 이점이 많다. 돈을 절약하고 건강에 좋으며 맛난 음식을 만드는 데 도움이 될 뿐 아니라, 주방에 시각적 풍요로움과 질감을 더할 수도 있다.

허브는 종류가 엄청나게 많고, 그중에는 조리대 위에서 기꺼이 살아가는 것도 많다. 공간이 부족할 수도 있으니, 창턱을 활용하자. **파슬리, 민트, 차이브**처럼 시원한 기후를 선호하는 허브들에는 그늘진 동향 창턱이 적합하다.

로즈메리, 타임, 오레가노, 바질처럼 따뜻한 기후를 좋아하는 허브들에는 볕바른 남향 창턱이 최고다. 이 햇빛바라기들을 배치할 때에는 혹시 나무나 지붕 돌출부가 그늘을 드리우지 않는지 점검해야 한다. 만일 그렇다면, 해가 더 잘 드는 다른 데로 옮길 생각을 해보라.

따뜻한 공기는 위로 상승하므로, 상대적으로 더 따뜻한 기후에서 자라는 허브들은 위쪽에서 잘 자란다. 주방이 지하에 있어서 햇빛이 거의 안 든다면, 생장 촉진 램프를 구입하는 것도 고려할 만하다. 허브가 잘 자랄 수 있는 이상적인 조명 환경을 조성해주는 멋진 기술이다.

주방에 적합한 또 다른 허브는 조리 과정에서 입은 화상을 달래주는 **알로에 베라**와, 식당의 중앙 장식물로 좋은, 하트 모양 잎을 가진 **필로덴드론**이다.

식용 식물을 기르면 돈을 절약하고 건강에 좋으며 맛난 음식을 만들고, 시각적 풍요로움과 질감을 더할 수 있다.

93 욕실에 식물 들이기

식물이 스트레스 감소 효과를 가져온다는 것은 이미 입증되었고, 여기에 식물을 욕실에 들여야 하는 이유 하나를 더 추가하자면 초록 잎 우거진 오아시스를 만들어내 휴양지 느낌을 강화해준다는 점이다. 욕실은 물 주기에 편리한 공간이며, 습기를 좋아하는 여러 식물들에게 완벽한 생장 환경을 제공한다.

그늘에서도 잘 견디는 능력 덕분에, **산세베리아**는 자연광이 아주 부족하기 쉬운 욕실에 적합한 식물로 인기가 높다. 게다가 습도가 높은 곳에서도 잘 자란다.

욕실 공간이 좁으면 '악마의 담쟁이(devil's ivy)'라고도 부르는 **스킨답서스**를 행잉 플랜터에 심어보자. 스킨답서스는 낮은 조도에 잘 적응하고 습한 환경에서 아주 빠르게 잘 자라므로, 얼마 안 가 욕실을 정글로 바꾸어놓을 것이다.

장식적인 화분들에 **착생식물**을 심어 머리 위에 또는 벽을 따라 걸어서 아름다운 디스플레이를 연출할 수도 있겠다. 착생식물들은 돌보기 쉬울 뿐 아니라 아주 튼튼하다.

바닥 공간에 여유가 있고 선(禪)적인 분위기를 조성하고 싶다면 **대나무**를 화분에 기르는 것도 생각해볼 만하다. 대나무의 큰 키를 이용해 특정 구역을 효과적으로 가릴 수 있고, 공간을 묘미 있게 나누는 해법이 될 수 있다.

'아스피디스트라(aspidistra)'라고도 부르는 **엽란**도 실내 식물로 인기다. 생명력이 정말 강하고, 거의 모든 환경을 견딜 수 있다. 손이 별로 안 가고 물을 많이 줄 필요도 없어서, 흙이 완전히 마르기를 기다렸다가 다시 돌보면 된다.

혹시 욕실에서 살아갈 수 있는 꽃 피는 식물을 찾고 있다면 **난초**를 길러보라. 고온다습한 열대지방에서 온 식물이라 수증기가 많은 환경에서 무럭무럭 자란다.

놀라운 치유 능력을 지닌 **알로에 베라**도 욕실에 잘 어울리는 식물이다. 햇볕에 타거나 벌레에 물려서 난 상처를 빠르고 부드럽게 달래준다.

실내 식물 순환 배치

욕실에 창이 없는 경우, 식물들을 집 안 곳곳으로 옮겨가며 기를 수 있다는 점을 기억하자. 욕실에 며칠 두었다가 더 밝은 곳으로 옮겨도 된다. 순환을 계속할 만큼 식물이 충분하다면, 욕실에 항상 초록이 넘치게 할 수 있다.

높이 매달기
무늬접란은
욕실을 좋아하는데,
천장에 달아매면
아주 근사하다.

치유 식물
알로에 베라를 욕실에
두고 햇볕에 탄 상처를
다스릴 필요가 있을 때
이용하면 좋다.

**큰 잎 식물로
임팩트 주기**
몬스테라의 넓은 열대성
잎들이 극적인 장면을
연출하고 소음을
줄여준다.

일광욕
공간이 있다면, 햇빛을
좋아하는 아레카야자가
이 자리에 딱 맞는다.

94 | 거실에 식물 들이기

거실에 실내 식물들을 둘러가며 배치하면 생기와 톡톡 튀는 색들이 방 안에 넘칠 뿐 아니라 우리 기분과 창의성도 고양된다. 게다가 여러 식물들이 열심히 실내 오염원들을 제거해서 우리가 숨 쉬는 공기를 정화하고 건강한 생활환경을 만드는 데 힘을 보탠다. 이 혜택들을 누리려면 정말로 많은 식물들이 필요하다. 아래에 제시된 식물들을 어떻게 조합할지 잘 궁리해보자.

밝은 햇빛이 드는 남향 창이 있다면 **고무나무**를 들이자. 아름다운 가죽 질감의 진녹색 잎과 놀라운 포름알데히드 제거 능력으로 유명한 식물이다. 직사광 속에서 잘 자라는데, 아주 튼튼하고 적응력이 뛰어나서 조도가 낮은 환경도 잘 견딘다.

자연광과 공간이 부족하다면, 이번에도 **스킨답서스**가 훌륭한 선택지다. 그늘에서도 잘 견디고 공중이나 선반에서 덩굴을 드리운 모습이 아름답다는 점은 둘째 치고, 실내 공기 오염원 제거 능력이 탁월하다. 그

점에 있어서는 공간에 여유가 있다면 아주 좋은 선택지가 될 만한 **아레카야자**(일명 '나비야자')도 마찬가지다.

드라세나도 공기 정화 능력이 있는데, 키가 크고 잎이 무성해서 거실에 작은 드라마를 더해준다.

마지막으로, 강렬한 인상을 주고 싶다면 **몬스테라**(일명 '치즈 플랜트')나 **극락조**(bird of paradise)를 들이자. 넓은 열대성 잎들을 가지고 있어서 집안에 활력을 주고 소음을 줄여줄 것이다.

많은 식물들이 열심히 실내 오염원들을 제거해서 우리가 숨 쉬는 공기를 정화하고 건강한 생활공간을 만드는 데 기여하고 있다.

95 홈 오피스에 식물 들이기

집에서 일할 경우, 우선순위는 사무 공간에서 계속 자극을 받으면서 창의성과 업무 의욕을 유지하는 것이다. 실내 식물들은 공간에 생기와 매력을 부여할 뿐 아니라, 생산성을 향상시키고 스트레스는 줄이는 능력도 발휘한다. 식물들은 공기를 정화해서 더 맑은 정신으로 사고하게 해주고, 피로를 예방해줄 수 있다. 사물들은 공간을 야금야금 잠식하는 경향이 있다. 소중한 공간을 그로부터 보호해줄 아이디어들을 소개한다.

욕실과 마찬가지로, 식물들을 천장 아래에 매달거나 선반 위에 올리는 것이야말로 사무 공간에 푸른 초목을 들이는 완벽한 방법이다. 식물들을 창문 앞이나 가까운 곳에 두면 바람에 불규칙하게 흔들리면서 훌륭한 비정형 감각 자극(p.43 참조)을 제공한다. 바람을 받아 살랑대는 잎들의 자연스러운 움직임이 우리 주의를 사로잡고, 그것들을 잠시 바라보노라면 눈의 피로가 풀리고 원기가 회복되는 느낌이 든다.

금전수는 매력적인 윤기 나는 잎을 가진 식물로, 어두운 곳을 비롯해 어떤 환경에서도 잘 자라는 것으로 널리 알려져 있다. 실내 식물을 처음 기르는 사람이나 너무 바빠서 미처 돌볼 틈을 내지 못하는 사람이 키우기에 딱 좋은 식물이다.

떡갈잎고무나무와 **필로덴드론**은 키가 크고 잎이 아주 무성하다. 그런데

이 두 가지 속성 모두가 방음이 잘 안 돼서 주의가 산만해지기 쉬운 환경에서는 큰 장점이 될 수 있다. 전용 사무 공간이 없는 경우, 이들이 방의 나머지 공간들과 구분되는 공간을 만들어주고, 소음을 일부 흡수해줄 수 있다.

책상 위에 뭔가 두고 싶다면, **선인장**이나 **다육식물** 같은 작은 열대식물이 담긴 유리 테라리엄을 사거나 만들어보라.(저마다 적합한 토양이나 물주기 패턴이 서로 다르므로, 한 종류로 좁히는 것이 최선이다.) 테라리엄은 그 안에 필요한 것이 모두 갖추어져 있어서, 뚜껑을 닫으면 자급자족이 가능해 관리를 거의 안 해도 된다. 이 미니 에코시스템 안에서 식물들이 자라나는 모습은 보기에 즐겁고, 일하다 잠시 눈길을 주면 스트레스도 줄어든다.

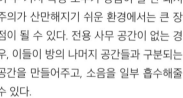

> **사무 공간 속 식물의 효과**
> • 업무 성과 10퍼센트 향상
> • 에너지 수준 76퍼센트 증진
> • 행복감이 78퍼센트 증대한다고 함
> • 건강이 65퍼센트 개선된다고 함

테라리엄 들이기
선인장이나 다육식물이
담긴 테라리엄은 보기에
흥미롭고, 관리에 손도
별로 가지 않는다.

96 | 텃밭 가꾸기

텃밭은 허브, 채소, 과일을 기르기 위해 마련된 실외 공간이다. 과일나무, 토마토 화분, 재배용 상자, 베리(berry) 관목, 허브 재배용 행잉 바스켓 따위를 원하는 대로 조합하면 된다.

텃밭을 가꾸면 영양 풍부하고 맛난 음식을 먹을 수 있을 뿐 아니라, 활동성을 유지하고 밖에 있는 동안 비타민 D에 노출되는 시간을 늘리는 데 도움이 된다. 정원 일을 하며 시간을 보내면 심장 박동 수가 낮아지고, 유연성이 향상되며, 면역 체계가 강화된다는 사실을 알고 계시는지?

이 놀라운 건강 증진 효과와 더불어, 텃밭을 가꾸면 돈을 절약할 수 있고, 독한 화학물질(살충제)을 안 써도 되니 환경보호에도 도움이 된다. 또, 운송할 일도 거의 없으니까 상점에서 구입할 때보다 탄소 발자국도 줄일 수 있다. 지역에서 난 씨앗을 모아서 서로 교환하고 집에서 만든 퇴비를 쓰거나 커뮤니티 퇴비 공동 생산에 참여할 경우에 특히 그렇다. 정말로 윈윈이 아닐 수 없다.

손이 많이 가는 식물은 최대한 집 가까이에 심어서 쉽게 돌볼 수 있게 하자. 예컨대 민달팽이에 뜯어 먹힌 상추, 애벌레가 갉아먹은 브로콜리처럼 해충 피해를 볼 우려가 있는 채소가 그러기에 적합하다. 과일 관목이나 교목처럼 관리에 손이 덜 가는 식물들은 좀 더 먼 쪽에 심어도 된다. 특별 관리가 필요한 품목은 앞뜰이나 날마다 지나다니는 곳 가까이에서 기르면 성장 과정을 실제로 지켜보면서 물주기, 가지치기, 영양 공급을 제때에 할 수 있다. 노력의 보상을 빨리 받고 싶다면, 사철 자라는 시금치나 십자화과 식물처럼 빨리 수확할 수 있는 품목을 길러보라.

특별 관리가 필요한 품목은 앞뜰이나 날마다 지나다니는 곳 가까이에서 기르면 성장 과정을 실제로 지켜볼 수 있다.

온라인 앱 활용하기
텃밭 가꾸기 계획을 세우고 식물들을 돌보는 데 도움이 된다. 수확을 늘리는 데 도움이 될 비법과 도움말을 제공하는 앱이 많이 있다.

자연 속으로

감각의 정원에
의자 같은 것을 두어서
자연과 연결할 기회를
만들자.

97 | 오감 자극하는 정원 만들기

감각의 정원(sensory garden)은 오감, 다시 말해 촉각, 후각, 시각, 청각, 미각을 일깨우도록 고안된 것이다. 그 안에서 지내는 시간은 고요하면서도 자극적일 수 있다. 키 큰 풀들을 손으로 쓸어볼 수도 있고, 야생화들의 향기를 만끽할 수도 있다. 현대 생활의 속도와 압력에서 벗어나 회복할 기회를 누릴 공간을 자신에게 선사하는 것은 웰빙에 꼭 필요하다. 감각의 정원을 디자인할 때 고려할 점을 몇 가지 소개한다.

후각은 기억과 단단히 연결되어 있다. 꽃을 심을 때에는 행복했던 시간과 장소를 상기시키는 것을 고르자. 그 꽃들을 어루만지며 지나가노라면 행복한 기억들이 되살아나고, 긴장이 풀리면서 '마음챙김' 상태에 훨씬 쉽게 도달할 수 있다. 할 수만 있다면 야생화 꽃밭을 만들자. 그러면 생명 다양성이 증진되어 벌과 나비를 비롯한 곤충들이 꽃에 이끌려 모여들고, 그들을 쫓아 새들이 날아들 테고, 당신이 미처 알아차리기도 전에 볼거리와 온갖 소리가 가득한 야생의 정원이 조성될 것이다. 거기에 식용 작물도 몇 가지 심어서 미각을 자극해

소음 차단하기

정원 디자인에서는
소음 문제도 중요한 고려 사항이다.
근처에 붐비는 도로가 있다면,
풍경 소리나 수경 시설물의
은은한 물소리로 교통 소음을
감싸보라.

봄이 어떠한가?

앉아서 정원을 즐기는 데 쓸 실외용 의자를 고를 때에는 질감과 촉감이 뛰어나고 자연을 떠올리게 하는 것으로 하자. 예컨대 수공 목재 의자, 가장자리를 둥글게 마감한 벤치, 등나무 의자를 장만하면 좋을 터이다. 어린 자녀가 있는 경우, 모래 놀이터를 마련하면 감각의 정원에 재미를 더할 수 있을 것이다. 실외 활동을 촉진하고 자연물과 다시 연결하도록 돕는 아주 좋은 방법이다. 조각과 거울을 곳곳에 배치하면 경이감과 호기심을 불러일으키고 창의적 사고를 북돋우는 데 도움이 된다.

미니 정원 만들기

세심하게 디자인된 발코니는 일상생활을 바꾸어놓을 수 있다. 발코니는 주변 경관을 만끽할 공간, 정원이 없는 집에서 채소를 기를 공간, 그리고 일손을 놓고 그냥 앉아서 쉴 공간을 제공한다. 그 공간을 최대한 활용하는 데 도움이 될 아이디어를 몇 가지 소개한다.

먼저, 발코니가 어느 쪽을 향하고 있는지, 혹시 다른 건물 같은 장애물 때문에 그늘져 있지는 않은지 확인하자. 직사광이 곧바로 드는 남향 발코니는 일부 식물에게는 너무 밝은데도 그늘을 만들거나 자리를 옮겨주기가 곤란할 수도 있다. 발코니가 그늘져 있다면, 빛이 적은 곳에서도 잘 자라는 고사리, 담쟁이, 수국, 후크시아, 풍지초 같은 식물을 들이자.

공간을 절약하고 시선 따라 풍성한 초록을 보고 싶다면 '수직 재배'가 해법이다.

가정용 수직 정원(green wall) 시스템을 구입하여 벽에 고정하면, 다양한 꽃나무나 식용 식물을 조밀하게 심을 수 있다. 아니면 덩굴식물 가득한 선반으로 직접 녹색 벽을 만들어도 된다. 단, 벽에 확실히 고정해서 바람에 쓰러지는 일이 없도록 하자.

격자 울타리를 수직 재배와 칸막이 만들기에 이용할 수도 있다. 그러면 식물들이 가로대의 딱딱한 느낌을 눅여주고 톡톡 튀는 색들을 더해줄 것이다.

빛이 통하고, 비바람에 잘 견디는 울타리로 찾아보자. 그리고 바깥쪽이 아니라 위쪽이나 아래쪽으로 자라는 덩굴식물을 고르자.

나무 중에는 화분에서도 잘 자라는 것이 많다.(뿌리 성장이 억제되어 너무 크게 자라지도 않게 된다.) 이들을 높이에 변화를 주고, 이웃으로부터 프라이버시를 확보하고, 햇빛을 가리기 위해 의도적으로 배치할 수도 있다. 올리브나무, 월계수, 벤자민고무나무, 소나무를 선택하면 화분에서 아담하게 키울 수 있을 것이다.

공간을 절약하는 또 다른 해법은 겹겹이 포개놓을 수 있는 의자나, 테이블 아래에 의자를 접어 넣을 수 있는 접이식 가구 세트를 이용하는 것이다.

거울로 빛 반사하기
발코니에 장식이 빈약하다면 거울을 공중에 매달아보라. 실제보다 공간이 넓고 식물이 더 풍성한 듯한 착시 효과를 낼 것이다. 자연광을 반사하는 데에도 도움이 된다. 단, 눈이 부시지 않도록 주의하자.

99 우리 몸의 미생물을 건강하게

바이오필릭 디자인은 건강과 웰빙을 증진시키기 위해 자연계와 다시 연결하는 것을 추구하는 디자인 방법이다. 우리는 주위에 있는 자연은 물론이고 우리 안의 자연계, 즉 인체 미생물군(microbiome)과도 연결할 필요가 있다.

인체 '마이크로바이옴'은 우리 몸 안과 겉에서, 다시 말해 우리 장(腸) 속과 피부에서 살아가는 미생물(박테리아) 집단을 가리킨다. 사실은 인체 마이크로바이옴을 구성하는 몇 조에 달하는 미생물이 우리 온몸에서 발견된다.

마이크로바이옴을 흔히 '지지 기관'이라고 부른다. 인체 기능을 돕는 역할을 하기 때문이다. 미생물들은 면역 체계를 자극하고, 음식물을 분해하고, 몇몇 비타민과 아미노산을 합성한다. 균형 상태가 어떠한가에 따라 이들은 인체에 이로울 수도 해로울 수도 있다. 문제는 질병, 부실한 식사, 또는 유익한 박테리아를 파괴하는 항생제 치료 등에 의해 마이크로바이옴의 균형이 무너질 수 있다는 것이다.

심신 건강에서 (흔히 '장 건강'이라고 부르는)인체 마이크로바이옴의 중요성을 지적하는 과학적 연구들이 점점 늘어나고 있다. 장 건강은 면역 체계 및 필수 영양소 합성 능력의 개선과 불안 및 우울 감소와 관계가 있는 것으로 알려져왔다.

집에서 마이크로바이옴을 건강하게 돌보는 방법은 무엇일까. 스트레스를 줄이고 규칙적으로 운동하고 숙면을 취하는 것 모두 장 건강에 도움이 된다. 지금까지 집이 어떻게 이 일들을 지원할 수 있는지 살펴보았다. 운동을 가로막는 요인들을 제거하고, 숙면을 촉진하고, 장식물과 감각 자극과 공간 설계를 통해 스트레스를 줄이는 방법들 말이다. 다음은 정원 가꾸기가 어떻게 도움이 되는지 살펴볼 차례이다.

발효 식품과 인체에 유익한 박테리아,
건강에 이로운 섬유질을 포함하는 다양한 식단이
마이크로바이옴을 튼튼하게 해준다.

100 | 손에 흙을 묻히자

장 건강과 피부 건강은 밀접하게 연관되어 있다. 따라서 마이크로바이옴을 건강하게 돌보고 싶다면, 우리 피부 위와 장 속의 생명체들(장-피부 축)을 기억해야 한다.

우리 환경 속의 미생물군이 우리 면역 체계에 중요하다는 사실을 입증하는 연구 결과들이 그동안 계속 늘어온 터에, 이제 연구자들은 환경 속 미생물군이 다양해지고 풍부해질수록 인간의 면역계도 더 건강해질 것인가에 관심을 기울이고 있다. 연구를 통해 젊은이들의 피부 위에서 존재하는 미생물군과 거주 지역 생명 다양성 사이의 상호 연관성이 밝혀졌다. 하지만 현대 도시 생활의 영향으로 인체 미생물군의 다양성은 감소 추세를 보인다고 한다.

자갈 정원에서 노는 어린이와 작은 숲 정원에서 노는 어린이에게 환경이 미치는 영향을 비교한 한 연구에서, 한 달 후에 측정해보니 숲 정원에서 지낸 어린이 쪽의 미생물군 다양성이 자갈 정원 쪽 어린이보다 3분의 1 더 크다는 결과가 나왔다. 더욱이 혈액 표본에서도 면역계에 유익한 변화가 있었다. 환경 속 생명 다양성이 클수록 인체 미생물군의 다양성도 커질 터이고, 우리는 더 건강해질 것이다.

정원 가꾸기는 집에서 생명 다양성을 증진하는 아주 좋은 방법이다. 게다가 흙과 접하는 것 자체가 인체에 여러모로 유익하다. 엄청나게 많은 연구자들이 토양 속 미생물군에 노출되는 일의 유익함에 관심을 기울이고 있다. 인체에 유익한 종 가운데 하나인 미코박테리아는 항염증 능력이 있고, 면역계를 지지하고, 스트레스를 줄여주는 것으로 밝혀졌다. 단기간만 식물과 흙을 접하더라도 피부 미생물군의 다양성이 증가하는 것으로 보인다.

정원 가꾸기에 나설 이유야 이만하면 충분하지 않은가! 식용 식물을 직접 기르면 식단을 아주 다양하게 짤 수 있다. 동네 슈퍼마켓에서는 볼 수 없는 다양한 허브와 과일, 채소들을 이용할 수 있으니까. 여러 가지 발효 식품을 개발해서 섭취하는 미생물군의 종류를 늘릴 수도 있을 터이다.

정원이 없다면, 거주지 커뮤니티 농장이나 정원 가꾸기에 참여할 방도를 알아보라. 그것도 안 될 경우, 화분이나 텃밭 상자를 이용해 식물을 키우고 번식시키면서 손에 흙 묻힐 기회를 누려보자.

권장 도서

Stephen R. Kellert and Edward O. Wilson, *The Biophilia Hypothesis* (1995)

Stephen R. Kellert, Judith H. Herwagen and Martin L. Mador, *Biophilic Design: The Theory, Science and Practice of Bringing Buildings to Life* (2008)

Stephen R. Kellert, *Nature by Design: The Practice of Biophilic Design* (2018)

Karen Haller, *The Little Book of Colour: How to Use the Psychology of Colour to Transform Your Life* (2019)

Patternity, *A New Way Of Seeing: The Inspirational Power Of Pattern* (2015)

Florence Williams, *The Nature Fix: Why Nature Makes Us Happier, Healthier, and More Creative* (2018)

Lia Leendertz, *The Almanac: A Seasonal Guide* (2021)

Tristan Gooley, *The Natural Navigator: The Rediscovered Art of Letting Nature Be Your Guide* (2010)

Richard Louv, *Last Child in the Woods: Saving Our Children from Nature-Deficit Disorder* (2006)

Dr Qing Li, *Shinrin-Yoku: The Art and Science of Forest Bathing* (2018)

Peter Wollehben, *The Hidden Life of Trees - What They Feel, How They Communicate: Discoveries From a Secret World* (2017)

Merlin Sheldrake, *Entangled Life: How Fungi Make Our Worlds, Change Our Minds and Shape Our Futures* (2020)

Matthew Walker, *Why We Sleep: The New Science of Sleep and Dreams* (2018)

Linda Geddes, *Chasing the Sun: The New Science of Sunlight and How it Shapes Our Bodies and Minds* (2019)

Tim Smedley, *Clearing the Air: The Beginning and End of Air Pollution* (2019)

Veronica Peerless, *How Not to Kill Your Houseplant: Survival Tips for the Horticulturally Challenged* (2017)

Martin Crawford, *Creating a Forest Garden: Working With Nature to Grow Edible Crops* (2010)

사진 판권

사진 재사용을 너그럽게 허락해주신 다음 분들께
감사를 표하고 싶다.

8-9: *Tom Shaw.* **10-11 Unsplash:** *Dee / @copperandwild.* **12-13 Unsplash:** *Jean Wimmerlin / @jwimmerli.* **36-37 Unsplash:** *Ilze Lucero / @ilzelucero.* **54-55 Unsplash:** *Ricardo Gomez Angel / @ripato.* **68-69 Unsplash:** *Augustine Wong / @augustinewong.* **84-85 Unsplash:** *Paul Talbot / @paultalbot.* **100-101 Unsplash:** *Vitor Machado / @vitormach.* **114-115 Unsplash:** *Marko Blažević / @kerber.* **130-131 Unsplash:** *Aditya Joshi / @adijoshi11.* **142-143 Unsplash:** *Jean-Philippe Delberghe / @jipy32.* **160-161 Unsplash:** *Omid Armin / @omidarmin*

표지 이미지: Unsplash: *Chris Lee / @chrisleeiam*
면지 이미지: Unsplash: *Den Trushtin / @dentrushtin*

다른 모든 이미지들은 © Dorling Kindersley
더 많은 정보를 원하면 www.dkimages.com 참조

저자 소개

올리버 히스(올리버 히스 디자인 창립자 겸 이사)

브라이튼의 옛 웨스트 부두를 가로지르는 나무 데크를 걸으면서 화려한 게임 센터와 발밑으로 밀려드는 파도가 주는 기쁨을 만끽했을 때, 건축의 경이로움을 처음 경험했다. 건축물과 자연에 대한 열정이 그 순간에 하나로 엮였고, 옥스퍼드와 런던에서 건축을 공부하면서 두 세계를 탐구하였다. 1998년 첫 디자인 회사를 설립했고, 텔레비전 프로그램에 발탁되어 디자이너 겸 진행자로 일하게 되었다. 이를 계기로 디자인의 미래에 가장 중요하다고 생각했던, 인류와 지구의 지속가능성이라는 주제를 논할 수 있는 발판을 마련하였다. 그 이후, 바이오필릭 디자인이라는 아이디어를 가정생활과 디자인 작업에 통합하는 길을 다져오고 있다.

빅토리아 잭슨(선임 디자이너 겸 연구원)

15년 전 시민 농장을 분양받았을 때, 잡초 아닌 무언가를 기르려면 도움이 필요할 수도 있겠다는 생각을 하면서 바이오필릭 디자인으로 가는 여정을 시작했다. 퍼머컬처(permaculture) 디자인 코스를 밟으면서 자연과 협업하는 일의 이점과, 자연 시스템이 어떻게 공동체가 번창하는 도시 환경을 디자인하는 데 응용될 수 있는지에 눈을 떴다. 예술과 디자인 분야의 실천적인 예술가이자 강연자로서 이 생태론적 접근법을 창조와 교수 활동에 접목시키고 싶어서, 지속가능한 디자인을 공부했다. 그 즈음에 사람들에게 물건 수선법을 가르치는 브라이튼 수선 카페를 열기도 했다. 올리버 히스 디자인 회사에서는 인간과 지구의 웰빙을 위한 디자인을 하도록 건축가와 디자이너 들을 독려하는 일을 하고 있다.

이튼 구드(인간 중심 디자인 전문가)

언제나 인간에 대해, 그리고 인간의 느낌과 행동을 추동하는 힘에 대해 관심이 많았기 때문에 심리학을 공부하고 학위를 받았다. 대학을 떠나면서 건강과 웰빙을 증진시키는 일을 애타게 원했지만 좀처럼 설 자리를 찾지 못했다. 운 좋게도 바이오필릭 디자인과 조우했고, 곧바로 그것이 퍼즐의 잃어버린 조각임을 깨달았다. 지금은 전문적으로 인간 중심 디자인의 혜택에 관해 연구하고 글을 쓰면서, 자연에서 영감을 얻은 건강에 도움 되는 환경 조성의 중요성을 널리 알리는 데 힘쓰고 있다. 인간적 욕구를 중심으로 의사 결정을 할 때 많은 사람의 일상생활이 실제로, 그리고 긍정적으로 변화할 수 있다고 믿는다.

조 배스턴(디자이너)

켄트에서 나고 자라면서, 어린 시절의 대부분을 남자 형제들과 숲속 은신처를 만들고 자갈 해변을 탐색하며 보냈다. 예술 전문 대학교에서 인테리어 건축과 디자인을 전공한 뒤, 요행히 몇몇 환상적인 디자이너 및 디자인 업체들과 함께 일하게 되었다. 스튜디오 밖에서는 지속가능한 소재들에 대한 열정이 가구 제작 자격증을 따고 자연목의 아름다움을 탐구하도록 이끌어주었다. 하이라이트는 영국 건축협회 건축학교의 훅 파크(Hooke Park) 프로그램의 일환으로 도싯 교외 숲속에 목재 골조의 유기적 건축물 만드는 일을 보조한 것이다. 이 실천적 체험을 통해 디자인 프로세스에 대해, 그리고 자연 소재로 인테리어 디자인을 하는 법에 대해 영감을 얻게 되었다.

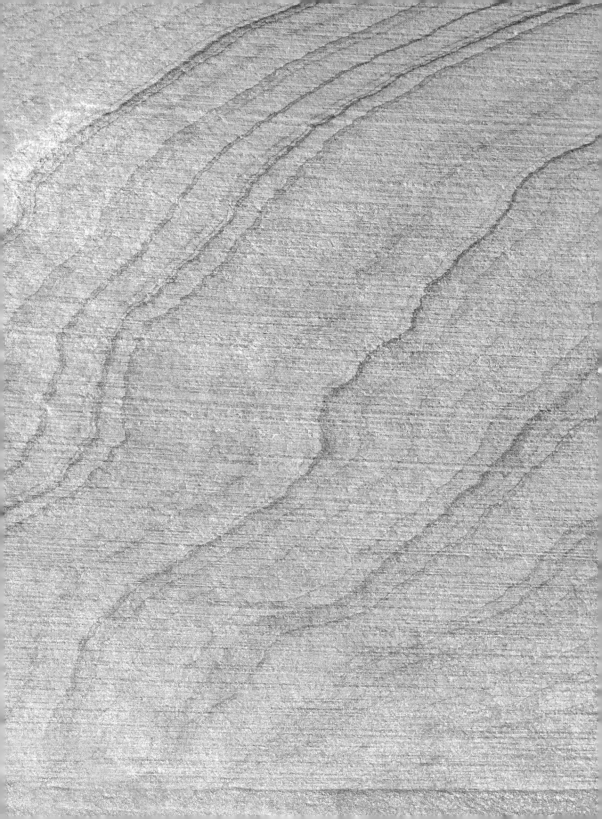